电工技术新起点丛书

电工识图入门

（第 2 版）

乔长君　编著

国防工业出版社

·北京·

内 容 简 介

本书共分 5 章,包括识图基础、建筑电气平面图、电气系统线路图、低压电气控制电路图、生产实际应用图等,内容来源于生产实践。全书内容翔实、新颖,图文并茂,具有先进性、系统性和较高的实用价值。

本书适合具有初中以上文化程度、初学电气识图的电工阅读,也可作为专业人员的参考书,还可作为职业技术类学校相关专业的辅助教材。

图书在版编目(CIP)数据

电工识图入门 / 乔长君编著. —2 版. —北京:
国防工业出版社,2017.4
(电工技术新起点丛书)
ISBN 978 – 7 – 118 – 11086 – 9

Ⅰ. ①电… Ⅱ. ①乔… Ⅲ. ①电路图 – 识别 – 基本知识 Ⅳ. ①TM13

中国版本图书馆 CIP 数据核字(2017)第 123889 号

※

国防工业出版社 出版发行
(北京市海淀区紫竹院南路 23 号 邮政编码 100048)
北京嘉恒彩色印刷有限责任公司
新华书店经售
*
开本 880×1230 1/32 印张 6⅜ 字数 198 千字
2017 年 4 月第 2 版第 1 次印刷 印数 1—2500 册 定价 29.00 元

(本书如有印装错误,我社负责调换)

国防书店:(010)88540777　　　发行邮购:(010)88540776
发行传真:(010)88540755　　　发行业务:(010)88540717

前　言

"电工技术新起点丛书"自出版以来,深受广大读者喜爱,多次重印。但也有读者联系我们,指出丛书的不足,提出修改建议。这些建议对于改进我们的工作,出版更加通俗易懂,易于读者接受和理解的好书是大有裨益的。

根据读者的建议,我们本着新颖、实用、够用的原则,对整套丛书进行了改进和完善,用流行的照片或照片与剖视图对照的形式替换了原来的线条图,用时下流行的工艺替代了部分落后工艺,并删减了部分不实用章节。再版后的丛书仍然按工种分册,紧紧围绕工种必备技能,按操作步骤用图片逐步讲解,真正实现一看就懂、便于模仿的功能。

本丛书暂定为《电机修理入门》(第2版)、《电工识图入门》(第2版)、《农电工操作技能入门》(第2版)、《维修电工入门》、《安装电工入门》、《水电工入门》、《弧焊机维修入门》。以后还将根据读者需要陆续出版其他图书。

本书是《电工识图入门》(第2版)。

本书第1章从实物元件的使用方法开始,进而延伸到构成电气图的基本元素——图形符号,同时介绍了电气图的制图规则和表述方法。第2章从建筑电气平面图分类和设计规定开始,进而介绍了建筑电气识图的基本方法、常用工业建筑电气图。第3章从工厂企业供电方式开始,进而介绍了高低压变配电所系统图、二次保护线路图。第4章从低压电器控制线路图读图方法开始,进而介绍了异步电动机控制线路、机床线路。第5章介绍了一些生产实际应用图,包括仪表测量电路图、曲线图、其他电气工作关联图和整流滤波电路。

本丛书主要编写人员有乔长君、姜延国、汪深平、杨恩惠、朱家敏、于蕾、武振忠、杨春林、乔正阳、罗利伟等。

由于编者水平有限,不足之处在所难免,敬请读者批评指正。

作　者

第1版前言

随着城乡一体化进程的不断加快,大批农村劳动力涌入城市,开始了择业、就业、开创美好新生活的步伐。学什么、做什么,怎样才能快捷掌握一门技术,并快速应用于生产实践,成为当务之急。为适应新形势的需要,在仔细调查研究基础上,我们精心组织编写了"电工技术新起点丛书"。

本丛书在编写时充分考虑了电工技术知识性、实践性和专业性都比较强的特点,选择了近年来中小型企业电工紧缺岗位从业人员必备的几个技能重点,以一个无专业基础的人零起步学习电工技术的角度,将初学电工的必备知识和技能进行归类、整理和提炼,用通俗的语言、大量的图片来讲解,剔除了一些实用性不强的理论阐述,以使初学者通过直观、快捷的方式学习电工技术,为今后进一步学习打下良好基础。

本丛书注重实际操作,突出实践,图、文、表相结合。其中涉及的器件或实际操作方法,大部分是根据实际情况现场拍摄的实物实景图或标准图改绘的线条图,方便读者的想象和理解。所有的一切都希望能帮助读者快速学习新知识,快速掌握新技术,学以致用。

本丛书旨在满足农村劳动力进城就业和社会上广大新工人学习和掌握电工基础知识和基本操作技能的需要,尽快提高操作人员的技术素质,从而增强企业的竞争力,促进农村劳动力转移、新生劳动力和转岗就业人员实现就业。

本丛书暂定为《电机修理入门》、《维修电工入门》、《安装电工入门》、《水电工入门》、《农电工操作技能入门》、《弧焊机维修入门》、《电工识图入门》。以后还将根据读者需要陆续出版其他图书。

本书是《电工识图入门》。

本书第1章先从实物元件的使用方法开始,进而延伸到构成电气图的基本元素——图形符号,还介绍了电气图的制图规则和表述方法。第2章从建筑电气平面图分类和设计规定开始,进而介绍了建筑电气识图的基本方法、各类常用工业建筑电气图。第3章从工厂企业供电方式开始,进而介绍了高低压变配电所系统图、二次保护线路图。第 4 章从低压电气控制线路图读图方法开始,进而介绍了异步电动机控制线路、机床线路。第 5 章从电子电路图的识图方法开始,进而介绍了一些常用模拟电路、数字电路图。第 6 章介绍一些生产实际应用图,包括仪表测量电路图、曲线图、电气工作关联图和设备结构图等。

本书具有以下特点:

(1) 实用性。本书从识图的基本知识开始,理论起点低,适合文化基础偏低人员学习。所选例图都来源于生产实际,也特别适合有一定基础的专业人员和工程技术人员使用。

(2) 代表性。本书所选例图广泛,涉及建筑电气各类图、工业变配电线路、低压电器控制线路、电子电路等,具有一定的代表性。

(3) 新颖性。本书除介绍通用电气元件外,还介绍了现代电动机保护器、变频器、软启动器的知识,并配有实用控制线路图。

本书在编写过程中,马军、张鸿峰、申玉有、朱家敏、于蕾、武振忠、杨春林等做了大量工作。全书由张永吉审核。

由于编者水平有限,不足之处在所难免,敬请读者批评指正。

作　者

目　　录

第1章 识图基础

1.1 常用元件

1.1.1 常用低压电器

1. 自动空气开关

自动空气开关又称自动空气断路器,TIMIN 型和 TIANDI 型塑壳式断路器外形和图形符号如图 1-1 所示。主要由动触头、静触头、灭弧装置、操动机构、热脱扣器、电磁脱扣器和外壳组成。自动空气开关集控制和多种保护功能于一身,在正常情况下可用于不频繁地接通和断开电路以及控制电动机的运行。当电路中发生短路、过载及失压等故障时,能自动切断电路,保护线路和电气设备。

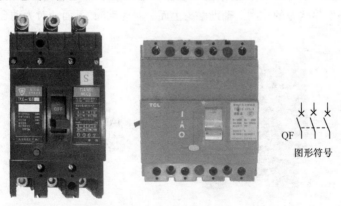

图 1-1 自动空气开关的外形及图形符号

2. 接触器

CJT1-20 型接触器的外形及图形符号如图 1-2 所示。主要由电磁系统、触头系统、灭弧装置及辅助部件等组成。可用于频繁接通和断开电路,实现远控功能,并具有低电压保护功能。它的两侧辅助触头上面为动断、下

1

动合　动断　线圈

图形符号

图 1 - 2　接触器的外形及图形符号

面为动合,为了作图方便把线圈接线桩移在 3 个进线中间。

3. 热继电器

JR36 - 20 型热继电器的外形及图形符号如图 1 - 3 所示。主要由热元件、动作机构、触头系统、电流整定装置、复位机构和温度补偿元件等部分组成。主要用于电动机的过载保护、断相及电流不平衡运行的保护及其他电气设备发热状态的控制。辅助触头上面一对为动断,下面一对为动合。

动合　动断　热元件

图形符号

图 1 - 3　热继电器的外形及图形符号

4. 熔断器

熔断器的外形及图形符号如图 1 - 4 所示。主要由熔体、安装熔体的熔管(或盖、座)、触头和绝缘底板等组成。作为短路保护元件,也常作为单台电气设备的过载保护元件。

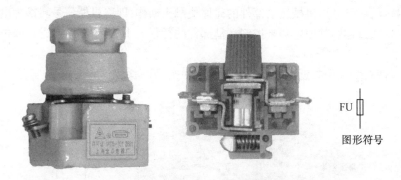

图1-4 熔断器的外形及图形符号

5. 按钮

按钮又称按钮开关或控制按钮,两种按钮的外形及图形符号如图1-5所示。主要由按钮帽、复位弹簧、桥式动触头、静触头、支柱连杆等部分组成。按钮是一种短时间接通或断开小电流电路的手动控制器,一般用于电路中发出启动或停止指令,以控制电磁启动器、接触器、继电器等电器线圈电流的接通或断开,再由它们去控制主电路。按钮也可用于信号装置的控制。

图1-5(a)所示的LA18-6A型按钮两侧各有两对触头,上侧为动断,下侧为动合。图1-5(b)、图1-5(c)所示的LAY16型按钮也称旋钮,具有闭锁功能,按图示方向,上侧为动合,下侧为动断。

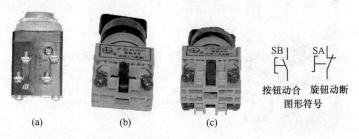

(a)　　　　　(b)　　　　　(c)

图1-5 按钮的外形及图形符号

6. 行程开关

行程开关又称限位开关,JLXK11-311型其外形及图形符号如图1-6所示。主要由触头系统、操作机构、外壳组成,是实现行程控制的小电流(5A以下)主令电器。其作用与控制按钮相同,只是其触头的动作不是靠

3

手按动,而是利用机械运动部件的碰撞使触头动作,即将机械信号转换为电信号,通过控制其他电器来控制运动部件的行程大小、运动方向或进行限位保护。

两对触头中靠近操作机构的为动合触头,另一对为动断触头。

图 1-6　行程开关的外形及图形符号

7. 时间继电器

JS14A 系列晶体管时间继电器的外形及图形符号如图 1-7 所示。主要用于需用按时间顺序进行控制的电气控制电路中。这种继电器型号后面有 D 标志的为断电延时型,没有标志的为通电延时型。

端子说明:1-2电源;3-5、6-8动断;3-4、6-7动合(出现两次数字为公共端)。

图 1-7　时间继电器的外形及图形符号

8. 中间继电器

JQX-10F/3Z 系列中间继电器的外形及图形符号如图 1-8 所示。它实质是一种接触器,但触头对数多,没有主辅之分。主要借助它来扩展其他继电器的触头对数,起到信号中继的作用。

4

动合　动断　线圈

图形符号

端子说明：2-10电源；1-4、6-5、8-11动断；
1-3、6-7、9-11动合(出现两次数字为公共端)。

图 1 - 8　中间继电器的外形及图形符号

9. 过流继电器

JL5 - 20A 型过流继电器的外形及图形符号如图 1 - 9 所示。主要由线圈、圆柱形静铁芯、衔铁、触头系统和反作用弹簧组成。用于频繁启动和重载启动的场合，作为电动机和主电路的过载和短路保护。该继电器具有一对动断触头。

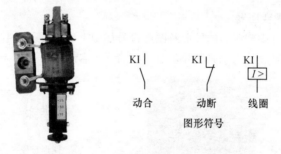

动合　　　动断　　　线圈

图形符号

图 1 - 9　过流继电器的外形及图形符号

10. 速度继电器

速度继电器也称反接制动继电器，JY1 型速度继电器外形及图形符号如图 1 - 10 所示。主要由定子、转子、可动支架、触头系统及端盖组成。主要作用是以旋转速度的快慢为指令信号，与接触器配合实现电动机的反接制动。它的触头系统由两组转换触头组成，一组在转子正转时动作，另一组在转子反转时动作。

11. 电抗器

QKSG 型电抗器的外形及图形符号如图 1 - 11 所示。主要由铁芯和绕组两部分组成。用于笼型异步电动机的降压启动。

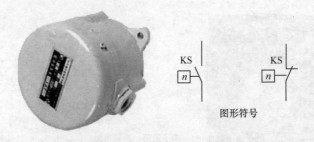

图 1 – 10　速度继电器的外形及图形符号

图 1 – 11　电抗器的外形及图形符号

12. 自耦变压器

QZB 型自耦变压器的外形及图形符号如图 1 – 12 所示。主要由铁芯和绕组两部分组成。用于笼型异步电动机的降压启动。

图 1 – 12　自耦变压器的外形及图形符号

13. 频敏变阻器

BP1 型频敏变阻器的外形及图形符号如图 1 – 13 所示。它类似于没有二次绕组的变压器,主要由铁芯和绕组两部分组成。用于绕线型异步电动机的降压启动。

14. 电动机保护器

TDHD – 1 型电动机保护器外形如图 1 – 14 所示,具有过热反时限、反时限、定时限多种保护方式。主要用于电动机多种模式的保护。

RF

图形符号

图 1 – 13　频敏变阻器的外形及图形符号

端子说明:
A1+、A2–: AC220V工作电源输入。
97、98: 报警输出端子(动合)。
07、08: 短路保护端子(动合)。
Z1、Z2: 零序电流互感器输入端子。
TRX(+)、TRX(–): RS485或4～20mA端子。

图 1 – 14　电动机保护器外形及端子说明

15. 可编程控制器

可编程控制器主要由中央处理器(CPU)、存储器、输入/输出(I/O)接口电路、外设接口、编程装置和电源等组成。三菱 FX2N 系列可编程控制器外形及端子排列如图 1 – 15 所示。具有多种输入语言,用于电动机和各种自动控制系统。

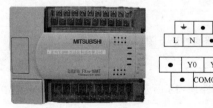

⏚	●	COM	X0	X2	X4	X6	●	●	●
L	N	24+	X1	X3	X5	X7	●	●	

●	Y0	Y1	Y2	Y3	Y4	Y5	Y6	Y7	●
●	COM0	COM1	COM2	COM3	COM4	COM5	COM6	COM7	●

端子排列

图 1 – 15　可编程控制器的外形及端子排列

16. 变频器

富士 FRENI5000G11S 外形及端子排列如图 1 – 16 所示。主要由整流、滤波、逆变、制动单元、驱动单元、检测单元等微处理单元组成。富士变频器根据电动机的实际需要通过改变电源的频率来达到改变电源电压的目的,进而达到节能、调速的目的。主要用于三相异步交流电动机,用于控制和调

端子排列

端子说明:
30A、30B、30C:总报警输出继电器。30A为动合触头、30B为动断、30C为公共端。
Y5A、Y5C:可选信号输出继电器。可选与Y1~Y4端子类似的选择信号作为输出信号。
Y1~Y4:晶体管输出继电器。
CME:晶体管输出公共端。
13:电位器用公共端。12:设定电压输入。11:模拟信号输入公共端。
FMA:模拟监视(11公共端子)。FMP:频率值监视(CM公共端子)。
PLC:连接PLC的输出信号电源(DC24V)。
FWD:正转启动命令、REV:反转启动命令。
X1~X9:选择输入。
DX-、DX+:RS485通信输入/输出。
SD:通信电缆屏蔽层连接端。

图1-16 富士变频器的外形及端子排列

节电动机速度。

1.1.2 常用电子元件

1. 电阻器

电阻器的外形及图形符号如图1-17所示,是实现降压启动和能量消耗的元件。

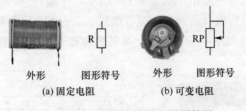

外形　　图形符号　　　外形　　图形符号

(a) 固定电阻　　　　　　(b) 可变电阻

图1-17 电阻器的外形及图形符号

2. 整流元件

整流元件的外形及图形符号如图1-18所示,是实现交流/直流转换的元件。

外形　　　图形符号　　　　外形　　　　图形符号

(a) 二极管　　　　　　　　(b) 整流桥

图1-18 整流元件的外形及图形符号

3. 电容器

电容器的外形及图形符号如图 1-19 所示,主要用于储能和滤波。

外形 图形符号

图 1-19 电容器的外形及图形符号

1.2 电气符号

1.2.1 从实物元件到图形符号

现场的电路是由多个电气元件组成的,通过导线连接实现对一个电气设备的控制,图 1-20 为电动机单向启动控制电路实物图。

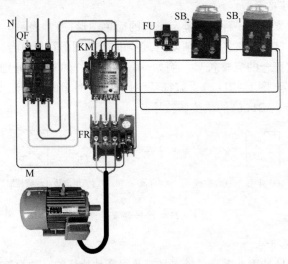

图 1-20 电动机单向启动控制电路实物图

主电路由断路器、交流接触器、热元件、电动机组成,控制电路由熔断器、启动按钮、停止按钮组成。为了使启动按钮松开后,接触器线圈保持有电,使用了接触器的一对动合辅助触点,维持接触器线圈通路。

这样一个实物元件组成的电路,使用起来很直观易懂,但不易绘制,而且控制复杂时,图线很多、很乱,很容易出现错误。

为了解决绘图难和便于使用交流,出现了电气符号。电气符号以图形和文字的形式从不同角度为电气图提供了各种信息,它包括图形符号、文字符号、项目代号和回路标号等。图形符号提供了一类设备或元件的共同符号,为了更明确地区分不同设备和元件以及不同功能的设备和元件,还必须在图形符号旁标注相应的文字符号加以区别。图形符号和文字符号相互关联、互为补充。

1.2.2 图形符号

以图形或图像为主要特征的表达一定事物或概念的符号,称为图形符号。图形符号是构成电气图的基本单元,通常用于图样或其他文件,以表示一个设备(如变压器)或概念(如接地)的图形、标记或字符。

1. 图形符号的组成

图形符号通常由符号要素、一般符号和限定符号组成。

1)符号要素

符号要素是指一种具有确定意义的简单图形,通常表示电气元件的轮廓或外壳。符号要素不能单独使用,必须同其他图形符号组合,以构成表示一个设备或概念的完整符号。例如,图1-21(a)的外壳,分别与图1-21(b)交流符号、图1-21(c)直流符号、图1-21(d)单向能量流动符号组合,就构成了图1-21(e)的整流器符号。

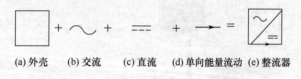

(a)外壳　　(b)交流　　　(c)直流　　(d)单向能量流动 (e)整流器

图1-21　符号要素的使用

2)一般符号

一般符号是用来表示一类产品或此类产品特征的一种简单符号。一般符号可直接应用,也可加上限定符号使用。例如,图1-22(e)的微型断路器的图形符号,由图1-22(a)开关一般符号与图1-22(b)断路器功能符号、图1-22(c)的热效应符号、图1-22(d)的电磁效应符号组合而成。

3)限定符号

限定符号是指附加于一般符号或其他图形符号之上,以提供某种信息

10

(a) 开关一般符号　(b) 断路器功能符号　(c) 热效应符号　(d) 电磁效应符号　(e) 微型断路器

图 1 – 22　一般符号与限定符号的组合

或附加信息的图形符号。限定符号一般不能单独使用,但一般符号有时也可用作限定符号,例如,图 1 – 23(a)是表示自动增益控制放大器的图形符号,它由表示功能单元的符号图 1 – 23(b)与表示放大器的一般符号图 1 – 23(c)、表示自动控制的限定符号图 1 – 23(d)构成。

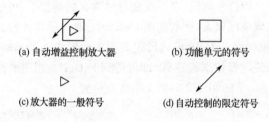

(a) 自动增益控制放大器　　　　　(b) 功能单元的符号

(c) 放大器的一般符号　　　　(d) 自动控制的限定符号

图 1 – 23　符号要素、一般符号与限定符号的组合

限定符号的应用,使图形符号更具有多样性。例如,在二极管一般符号的基础上,分别加上不同的限定符号,则可得到发光二极管、热敏二极管、变容二极管等。

电气图形符号还有一种方框符号,其外形轮廓一般应为正方形,用以表示设备、元件间的组合及功能。这种符号既不给出设备或元件的细节,也不反映它们之间的任何关系,只是一种简单的图形符号,通常只用于系统图或框图,如图 1 – 24所示。

(a) 整流器　(b) 放大器

图 1 – 24　方框符号

图形符号的组合方式有很多种,最基本和最常用的有以下 3 种:一般符号 + 限定符号、符号要素 + 一般符号、符号要素 + 一般符号 + 限定符号。

2. 图形符号的使用

1)元件的状态

在电气图中,元器件和设备的可动部分通常应表示在非激励或不工作的状态或位置,例如:继电器和接触器在非激励的状态,图中的触头状态是非受电下的状态;断路器、负荷开关和隔离开关在断开位置;带零位的手动控制开关在零位置,不带零位的手动控制开关在图中规定位置;机械操作开关(如行程开关)在非工作的状态或位置(搁置)时的情况,以及机械操作开关在工作位置的对应关系,一般表示在触点符号的附近或另附说明;温度继电器、压力继电器都处于常温和常压(1atm①)状态;事故、备用、报警等开关或继电器的触点应该表示在设备正常使用的位置,如有特定位置,应在图中另加说明;多重开闭器件的各组成部分必须表示在相互一致的位置上,而不管电路的工作状态。

2)符号取向

标准中示出的符号取向,在不改变符号含义的前提下,可根据图面布置的需要旋转或成镜像放置,例如在图1-25中,取向形式A按逆时针方向依次旋转90°即可得到B、C、D,取向形式E由取向形式A的垂轴镜像得到,取向形式E再按逆时针依次旋转90°即可得到F、G、H。当图形符号方向改变时,应适当调整文字的阅读方向和文字所在位置。

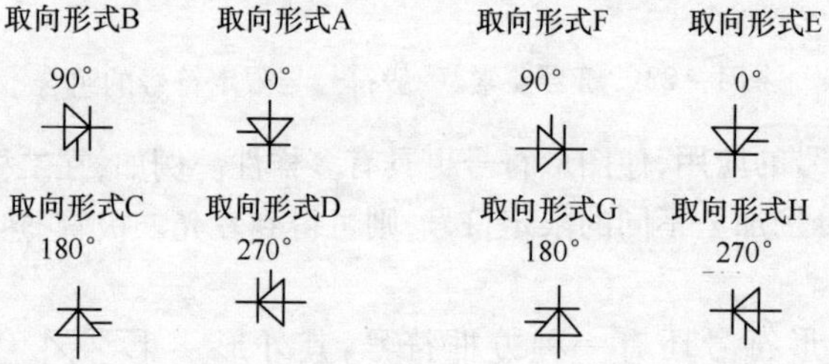

取向形式B 取向形式A 取向形式F 取向形式E
90° 0° 90° 0°

取向形式C 取向形式D 取向形式G 取向形式H
180° 270° 180° 270°

图1-25 晶闸管图形符号可能的取向形式

有方位规定的图形符号为数很少,但在电气图中占重要位置的各类开关和触点,当其符号呈水平形式布置时,应下开上闭,当符号呈垂直形式布置时,应左开右闭。

3)图形符号的引线

图形符号所带的引线不是图形符号的组成部分,在大多数情况下,引线可取不同的方向。如图1-26所示的变压器、扬声器和倍频器中的引线改变方向,都是允许的。

① 1atm=101.325kPa。

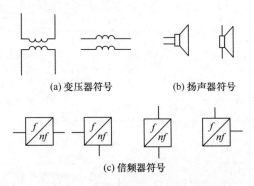

(a) 变压器符号　　　　　(b) 扬声器符号

(c) 倍频器符号

图 1 - 26　符号引线方向改变示例

4）使用国家标准未规定的符号

国家标准未规定的图形符号,可根据实际需要,按突出特征、结构简单、便于识别的原则进行设计,但需要报国家标准局备案。当采用其他来源的符号或代号时,必须在图解和文件上说明其含义。

常见电气简图用图形符号如表 1 - 1 ~ 表 1 - 8 所列。

表 1 - 1　符号要素和限定符号

新图形符号	名称或含义	旧图形符号	新图形符号	名称或含义	旧图形符号
□	设备、器件、功能单元、元件、功能(形式 1)		↗	可调节性(一般符号)	
▭	设备、器件、功能单元、元年、功能(形式 2)		↗	可调节性(非线性)	
○	设备、器件、功能单元、元件、功能(形式 3)		／	可变性(一般符号)	
○	外壳(形式 1)		／	可变性(非线性)	
⬭	外形(形式 2)		╱	预调	
------	边界线		⌐	步进动作	
⌐⌐	屏蔽		／	连续可变性	

13

新图形符号	名称或含义	旧图形符号	新图形符号	名称或含义	旧图形符号
	自动控制		⊥⌐	离合器、机械联轴器	
>	动作（大于整定值时）			制动器	
<	动作（小于整定值时）		├----	手动操作件（一般符号）	├----
≷	动作（大于高整定值或小于低整定值时）			受限制的手动操作件	
=0	动作（等于零时）		⊐----	拉拔操作件	
≈0	动作（近似等于零时）		┌----	旋转操作件	
	热效应		⊨----	按动操作件	
	电磁效应		◇----	接近效应操作件	
	半导体效应		⊂----	应急操作件（蘑菇头安全按钮）	
	非电离的电磁辐射光		⊕---	手轮操作件	
⇒	延时动作（形式1）		⌐---	脚踏操作件	
⊐	延时动作（形式2）		⌐---	杠杆操作件	
-◁-	自动复位		◇---	可拆卸手柄的操作件	
-▽-	机械连锁		⌐---	钥匙操作件	

14

新图形符号	名称或含义	旧图形符号	新图形符号	名称或含义	旧图形符号
	曲柄操作件		—	隔离开关功能	
	滚轮操作件			负荷开关功能	
	凸轮操作件		■	自动释放功能	
	仿形凸轮件			限位开关功能 位置开关功能	
	仿形样板操作件			开关的正向动作	
	仿形凸轮和滚轮子操作件			自由脱扣机构	
	储存机械能操作件		%H₂O	相对湿度控制	
	单向作用的气动或液压驱动操作件 注：储存能的方式可以填入方框内			故障指明假定故障的位置	
				闪络、击穿	
	半导体操作件			动滑点、滑动触点	
	液位控制件			变换器（一般符号）	
	计数器控制件		===	直流电	
	流体控制件		∼	交流电	
	气流控制件		3∼	三相交流电	
	接触器功能		3N∼	带中性点的三相交流电	
×	断路器功能			交直流两用	

表 1-2 导线和连接件

新图形符号	名称或含义	旧图形符号
	导线、导线组、电线、电缆、电路、传输线路(如微波技术)、线路、母线(总线)一般符号	导线或电缆
	导线组示出导线数 3 根(形式 1)	母线
3	导线组示出导线数 3 根(形式 2)	3 根导线
$== 110V$ $2\times120mm^2$ Al	直流电路(110V,两根截面积为 120mm² 铝导线)	
$3N\sim50Hz$ 380V $3\times120mm^2+1\times50mm^2$	三相交流电路,50Hz,380V,3 根导线截面积均为 120mm²,中性线截面积为 50mm²	
	柔软导线	
	屏蔽导线	
	绞合导线(示出 2 根)	
	电缆中的导线(示出 3 根)	
●	连接点或连接	○
11 12 13 14 15 16	端子板(示出带线端标记的端子板)	
	T 形连接(也可如旧符号)	
	导线双 T 连接	
L_1 L_3	相序变更	
	插座	
	插头	
	插头和插座	
6	多极插头插座(示出带 6 个极)	

16

表 1-3　基本无源元件

新图形符号	名称或含义	旧图形符号	新图形符号	名称或含义	旧图形符号
	电阻器(一般符号)			磁芯有间隙的电感器	
	可调电阻器			带磁芯连续可调的电感器	
	光敏电阻			有固定抽头的电感器(示出2个)	
U	压敏电阻器 注:U可以用V代替			半导体二极管(一般符号)	
θ	热敏电阻 注:θ可用$t°$代替	$t°$		发光二极管一般符号	
	带滑动触点的电阻器			光电二极管	
	带滑动触点和断开位置的电阻器		θ	热敏二极管 注:θ可用$t°$代替	$t°$
	两个固定抽头的电阻器 注:可增减抽头数目			变容二极管	
	碳堆电阻器			隧道二极管 江崎二极管	
	电容器(一般符号)			单向击穿二极管 电压调整二极管	
	极性电容器			三极晶体闸流管 当不需指定门极的类型时,本符号用于表示反向阻断三极晶体闸流管	
	可变电容器			反向阻断三极晶体闸流管(P极受控)	
	预调电容器			可关断三极晶体闸流管(P极受控)	
	线圈、绕组、电感器、扼流圈(一般符号)			双向三极晶体闸流管	
	带磁芯的电感器				

新图形符号	名称或含义	旧图形符号	新图形符号	名称或含义	旧图形符号
	PNP 型半导体管			N 型沟道结型场效应半导体管	
	光电三极管			增强型、单栅、P 沟道和衬底无引出线的绝缘栅场效应半导体管	
	集电极接管壳的 NPN 型半导体管			有 4 个电阻接触的霍耳发生器	
	NPN 型雪崩晶体管			磁敏电阻器(示出线性型)	
	具有 P 型基极单结型晶体管				

表 1－4　电能的发生和转换

新图形符号	名称或含义	旧图形符号	新图形符号	名称或含义	旧图形符号
	双绕组变压器(一般符号)			电流互感器(一般符号,形式1)	
	双绕组变压器(一般符号,形式1)			电流互感器(一般符号,形式2)	
	双绕组变压器(一般符号示出极性,形式2)			绕组间有屏蔽的双绕组变压器(形式1)	
	三绕组变压器(形式1)			绕组间有屏蔽的双绕组变压器(形式2)	
	三绕组变压器(形式2)			一个绕组上有中心点抽头的变压器(形式1)	
	自耦变压器(形式1)			一个绕组上有中心点抽头的变压器(形式2)	
	自耦变压器(形式2)			耦合可变变压器(形式1)	
	电抗器、扼流圈(一般符号,形式1)			耦合可变变压器(形式2)	
	电抗器、扼流圈(一般符号,形式2)			三相变压器星形—角形连接(形式1)	

新图形符号	名称或含义	旧图形符号	新图形符号	名称或含义	旧图形符号
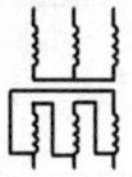	三相变压器星形—角形连接（形式2）			单相同步发电机	
	具有4个抽头（不包括主抽头）的三相变压器星形—角形连接（形式1）			每相绕组两端都引出的三相同步发电机	
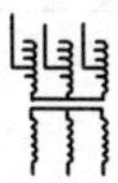	具有4个抽头（不包括主抽头）的三相变压器星形—角形连接			有分相引出端头的单相笼型感应电动机	
	单相变压器组成的三相变压器星形—三角形连接			三相笼型感应电动机	
	电动机（一般符号）			三相绕线型感应电动机	
	直线电动机（一般符号）		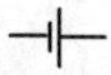	原电池或蓄电池	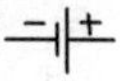
	步进电动机（一般符号）			直流变流器	
	直流串励电动机			整流器	
	直流并励电动机		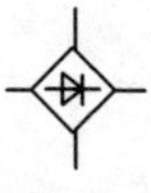	桥式全波整流器	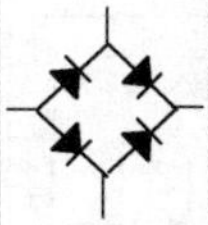
	串励电动机 注：图示单相，若数字为3时即为3相			逆变器	
				整流器/逆变器	

表1-5　开关、控制和保护器件

新图形符号	名称或含义	旧图形符号	新图形符号	名称或含义	旧图形符号
	动合（常开）触点（也可用作开关一般符号）	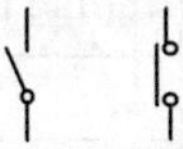		先断后合的转换触点	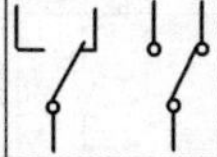
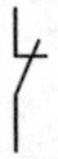	动断（常闭）触点	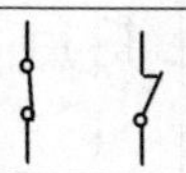	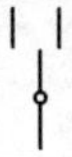	中间断开的转换触点	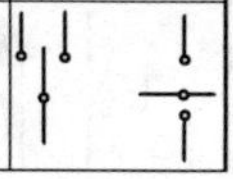

新图形符号	名称或含义	旧图形符号	新图形符号	名称或含义	旧图形符号
	先合后断的双向触点（形式1）			正向操作且自动复位的手动操作按钮	
	先合后断的双向触点（形式2）			位置开关，动合触点限制开关，动合触点	
	双动合触点			位置开关，动断触点限制开关，动断触点	
	当操作器件被释放时，延时断开的动合触点			对两个独立电路作双向接线操作的位置或限制开关	
	当操作器件被释放时，延时断开的动断触点			热敏开关、动合触点注：θ 可用动作温度 t° 代替	
	当操作器件被吸合时，延时闭合的动合触点			热继电器、动断触点	
	当操作器件被吸合时，延时闭合的动断触点			热继电器的驱动元件	
	吸合时延时闭合和释放时断开的动合触点		3	三相电路中三极热继电器的驱动器件	
	由一个不延时的动合触点、一个吸合时延时断开的动断触点和一个释放时延时闭合的动合触点组成的触点组			三相电路中两极热继电器的驱动元件	
				热敏开关，动断触点注：注意和热继电器的触点区别	
	手动开关的一般符号			具有热元件的气体放电管荧光灯启动器	
	按钮			单极多位开关（示出6位）	
	拉拔开关（不闭锁）			多位开关，最多4位	
	旋钮开关，旋转开关（闭锁）				

20

新图形符号	名称或含义	旧图形符号	新图形符号	名称或含义	旧图形符号
	有位置图示的多位开关		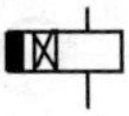	缓吸或缓放继电器的线圈	
	多极开关单线表示（一般符号）	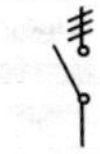	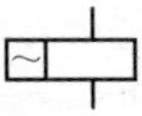	交流继电器的线圈	
	接触器，接触器的主动合触点	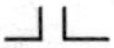	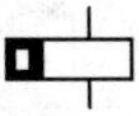	极化继电器的线圈	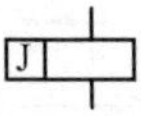
	具有自动释放功能的接触器		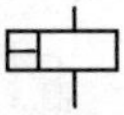	快速继电器线圈	
	接触器，接触器的主动断触点			对交流不敏感继电器线圈	
	断路器	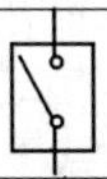		接近开关动合触点	
	隔离开关	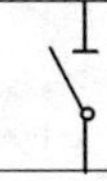	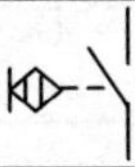	接触敏感开关动合触点	
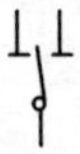	具有中间断开位置的双向隔离开关			磁铁接近时动作的接近开关，动合触点	
	负荷开关（负荷隔离开关）	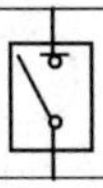	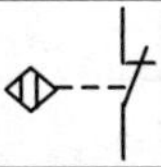	磁铁接近时动作的接近开关，动断触点	
	具有自动释放的负荷开关			熔断器（一般符号）	
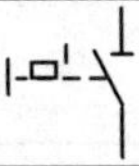	手动操作带有闭锁装置的隔离开关、隔离器			熔断器开关	
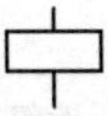	操作器件一般符号	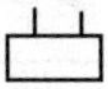		熔断器式隔离开关	
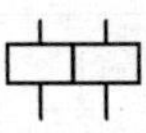	具有两个绕组的操作器件组合表示法	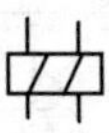		熔断器式负荷开关	
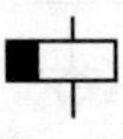	缓慢释放（缓放）继电器的线圈			避雷器	
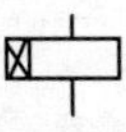	缓慢吸合（缓吸）继电器的线圈				

21

表 1-6　灯和信号器件装置

新图形符号	名称或含义	旧图形符号	新图形符号	名称或含义	旧图形符号
⊗	灯的一般符号,信号灯的一般符号			报警器	
	闪光型信号灯			机电型指示器,信号元件	
	音响信号装置(一般符号)			由内置变压器供电的信号灯	
	蜂鸣器			扬声器(一般符号)	

表 1-7　测量仪表

新图形符号	名称或含义	旧图形符号	新图形符号	名称或含义	旧图形符号
V	电压表		Hz	频率表	
$\frac{A}{I\sin\varphi}$	无功电流表		↑	检流计	
$\frac{W}{P\max}$	最大需量指示器(由一台计算仪表操纵的)		n	转速表	
var	无功功率表		θ	温度计、高温计	
cosφ	功率因数表		W	记录式功率表	
φ	相位表		wh	电度表	

表 1-8　接地装置

新图形符号	名称或含义	旧图形符号	新图形符号	名称或含义	旧图形符号
	接地(一般符号)			接机壳或接机架	
	保护接地		▽	等电位	▽
	功能性接地				

22

1.2.3 文字符号

文字符号是表示电气设备、装置、电气元件的名称、状态和特征的字符代码。

1. 文字符号的用途

（1）为参照代号提供电气设备、装置和电气元件种类字符代码和功能代码。

（2）作为限定符号与一般图形符号组合使用，以派生新的图形符号。

（3）在技术文件或电气设备中表示电气设备及电路的功能、状态和特征。

2. 文字符号的构成

文字符号分为基本文字符号和辅助文字符号两大类。文字符号可以用单一的字母代码或数字代码来表达，也可以用字母与数字组合的方式来表达。

（1）基本文字符号。基本文字符号主要表示电气设备、装置和电气元件的种类名称，分为单字母符号和双字母符号。

单字母符号用拉丁字母将各种电气设备、装置、电气元件划分为 23 个大类，每大类用一个大写字母表示。如"R"表示电阻器，"S"表示开关。

双字母符号由一个表示大类的单字母符号与另一个字母组成，组合形式以单字母符号在前，另一字母在后的次序标出。例如，"K"表示继电器，"KA"表示中间继电器，"KI"表示电流继电器。

（2）辅助文字符号。电气设备、装置和电气元件的种类名称用基本文字符号表示，而它的功能、状态和特征用辅助文字符号表示，通常用表示功能、状态和特征的英文单词的前一、二位字母构成，也可采用缩略语或约定俗成的习惯用法构成，一般不能超过 3 位字母。例如，表示"顺时针"，采用"CLOCK WISE"英文单词的两位首字母"CW"作为辅助文字符号；而表示"逆时针"，采用"COUNTER CLOCKWISE"英文单词的 3 位首字母"CCW"作为辅助文字符号。

某些辅助文字符号本身具有独立的、确切的意义，也可以单独使用。例如，"MAN"表示交流电源的中性线，"DC"表示直流电，"AC"表示交流电，"AUT"表示自动，"ON"表示开启，"OFF"表示关闭等。

（3）数字代码。数字代码的使用方法主要有以下两种：

① 数字代码单独使用时，表示各种电气元件、装置的种类或功能，需按

序编号,还要在技术说明中对代码意义加以说明。例如,电气设备中有继电器、电阻器、电容器等,可用数字来代表电气元件的种类,如"1"代表继电器,"2"代表电阻器,"3"代表电容器。再如,开关有"开"和"关"两种功能,可以用"1"表示"开",用"2"表示"关"。

电路图中电气图形符号的连线处经常有数字,这些数字称为线号。线号是区别电路接线的重要标志。

② 数字代码与字母符号组合起来使用,可说明同一类电气设备、装置电气元件的不同编号。数字代码可放在电气设备、装置或电气元件的前面或后面,若放在前面应与文字符号大小相同,放在后面应作为下标。例如,3个相同的继电器一般高压时表示为"1KF""2KF""3KF",低压时表示为"KF_1""KF_2""KF_3"。

3. 文字符号的使用

(1)一般情况下,绘制电气图及编制电气技术文件时,应优先选用基本文字符号、辅助文字符号以及它们的组合。而在基本文字符号中,应优先选用单字母符号。只有当单字母符号不能满足要求时方可采用双字母符号。基本文字符号不能超过2位字母,辅助文字符号不能超过3位字母。

(2)辅助文字符号可单独使用,也可将首位字母放在表示项目种类的单字母符号后面组成双字母符号。

(3)当基本文字符号和辅助文字符号不够用时,可按有关电气名词术语国家标准或专业标准中规定的英文术语缩写进行补充。

(4)由于字母"I""O"易与数字"1""0"混淆,因此不允许用这两个字母作文字符号。

(5)文字符号不适于电气产品型号编制与命名。

(6)文字符号一般标注在电气设备、装置和电气元件的图形符号上或其近旁。

电气简图用文字符号如表1-9所列。

表1-9 常用文字符号

序号	名　称	新符号		旧符号
		单字母	多字母	
电机				
1	发电机	G		F
2	直流发电机	G	GD(C)	ZLF,ZF

序号	名　称	新符号		旧符号
		单字母	多字母	
3	交流发电机	G	GA（C）	JLF，JF
4	异步发电机	G	GA	YF
5	同步发电机	G	GS：	TF
6	测速发电机		TG	CSF，CF
7	电动机	M		D
9	交流电动机	M	MA（C）	JLD，JD
10	异步电动机	M	MA	YD
11	同步电动机	M	MS	TD
12	笼型异步电动机	M	MC	LD
13	绕线异步电动机	M	MW（R）	
14	绕组（线圈）	W		Q
15	电枢绕组	W	WA	SQ
16	定子绕组	W	WS	DQ
	变压器	T		B
17	控制变压器	T	TS（T）	KB
18	照明变压器	T	TI（N）	ZB
19	互感器	T		H
20	电压互感器	T	YV（或 PT）	YH
21	电流互感器		TA（或 CT）	LH
	开关、控制器			
22	开关	Q、S		K
23	刀开关	Q	QK	DK
24	转换开关	S	SC（O）	HK
25	负荷开关	Q	QS（F）	
26	熔断器式刀开关	Q	QF（S）	DK，RD
27	断路器	Q	QF	ZK，DL，GD
28	隔离开关	Q		GK
29	控制开关	S	QS	KK
30	限位开关	S	SA	ZDK，ZK

25

序号	名　称	新符号		旧符号
		单字母	多字母	
31	行程开关	S	SQ	JK
32	按钮	S	ST	AN
33	启动按钮	S	SB	QA
34	停止按钮	S	SB（T）	TA
35	控制按钮	S	SB（P）	KA
36	操作按钮	S Q	S	C
37	控制器	Q	QM	LK
	主令控制器 接触器、继电器和保持接触器		KM	C
38	交流接触器	K	KM（A）	JLC，JC
39	直流接触器	K	KM（D）	ZLC，ZC
40	启动接触器	K	KM（S）	QC
41	制动接触器	K	KM（B）	ZDC，ZC
42	联锁接触器	K	KM（I）	LSC，LC
43	启动器	K		Q
44	电磁启动器	K	KME	CQ
45	继电器	K	KV	J
46	电压继电器	K	B（C）	YJ
47	电流继电器	K	KA（KI）	A
48	过电流继电器	K	KOC	LJ
49	时间继电器	K	KT	GLJ，GJ
50	温度继电器	K	KT（E）	WJ
51	热继电器	K	KR（FR）	RJ
52	速度继电器	K（F）	KS（P）	SDJ，SJ
53	联锁继电器	K	KI（N）	LSJ，LJ
54	中间继电器	K	KA	ZJ
55	熔断器	F	FU	RD
	电子元器件			
56	二极管	V	VD	D，Z，ZP BG，Tr
57	三极管，晶体管	V	VT	SCR，KP

序号	名　称	新符号		旧符号
		单字母	多字母	
58	晶闸管	V	VT(H)	WY(G),DW
59	稳压管	V	VS	
60	发光二极管	V	VL(E)	ZL
61	整流器	U	UR	R
62	电阻器	R	RH	
63	变阻器	R		W
64	电位器	R	RP	BP,PR
65	频敏变阻器	R	RF	
66	热敏变阻器	R	RT	
67	电容器	C		C
68	电流表	A		A
69	电压表	V		V
	电气操作的机构器件			
70	电磁铁	Y	YA	DT
71	起重电磁铁	Y	YA(L)	QT
72	制动电磁铁	Y	YA(B)	ZT
73	电磁离合器	Y	YC	CLB
74	电磁吸盘	Y	YH	
75	电磁制动器	Y	YB	
	其他			
76	插头	X	XP	CT
77	插座	X	XS	CZ
78	信号灯,指示灯	H	HL	ZSD,XD
79	照明灯	E	EL	ZD
80	电铃	H	HA	DL
81	电喇叭	H	HA	FM,LB,JD
82	蜂鸣器	X	XT	JX,JZ
83	红色信号灯	H	HLR	HD
84	绿色信号灯	H	HLG	LD
85	黄色信号灯	H	HLY	UD
86	白色信号灯	H	HLW	BD
87	蓝色信号灯	H	HLB	AD

1.2.4 项目代号

项目代号是用以识别图、表图、表格中和设备上的项目种类,并提供项目的层次关系、种类、实际位置等信息的一种特定的代码。通常是用一个图形符号表示的基本件、部件、组件、功能单元、设备、系统等。项目有大有小,可能相差很多,大至电力系统、成套配电装置,以及发电机、变压器等,小至电阻器、端子、连接片等,都可以称为项目。

由于项目代号是以一个系统、成套装置或设备的依次分解为基础来编定的,建立了图形符号与实物间一一对应的关系,因此可以用来识别、查找各种图形符号所表示的电气元件、装置和设备以及它们的隶属关系、安装位置。

1. 项目代号的组成

项目代号由高层代号、位置代号、种类代号、端子代号根据不同场合的需要组合而成,它们分别用不同的前缀符号来识别。前缀符号后面跟字符代码,字符代码可由字母、数字或字母加数字构成。

1) 高层代号(=)

高层代号是系统或设备中任何较高层次(对给予代号的项目而言)的项目代号。如电力系统、电力变压器、电动机等。高层代号的命名是相对的。例如,电力系统对其所属的变电所,电力系统的代号就是高层代号,但对该变电所中的某一开关而言,则该变电所代号就为高层代号。

高层代号的字符代码由字母和数字组合而成,有多个高层代号时可以进行复合,但应注意将较高层次的高层代号标注在前面。例如" = P1 = T1"表示有两个高层次的代号 P1、T1,T1 属于 P1。这种情况也可复合表示为" = P1T1"。

2) 位置代号(+)

位置代号是项目在组件、设备、系统或者建筑物中实际位置的代号。

通常由自行规定的拉丁字母及数字组成,在使用位置代号时,应画出表示该项目位置的示意图。

例如,在 101 室 A 排开关柜的第 6 号开关柜上,可以表示为" + 101 + A + 6",简化表示为" + 101A6"。

3) 种类代号(-)

种类代号是用于识别所指项目属于什么种类的一种代号,是项目代号中的核心部分。种类代号通常有 3 种不同的表达形式。

（1）字母＋数字：如"－K5"表示第 5 号继电器，"－M2 表示第 2 台电动机。种类代号字母采用文字符号中的基本文字符号，一般是单字母，不能超过双字母。

（2）数字序号：例如"－3"代表 3 号项目，在技术说明中必须说明"3"代表的种类。这种表达形式不分项目的类别，所有项目按顺序统一编号，方法简单，但不易识别项目的种类，因此须将数字序号和它代表的项目种类列成表，置于图中或图后，以利识读。

（3）分组编号：数码代号第 1 位数字的意义可自行确定，后面的数字序号可以为两位数。例如："－1"表示电动机，－101、－102、－103…表示第 1、2、3…台电动机。

在种类代号段中，除项目种类字目外，还可附加功能字母代码，以进一步说明该项目的特征或作用。功能字母代码没有明确规定，由使用者自定，并在图中说明其含义。功能字母代码只能以后缀形式出现。其具体形式为：前缀符号、种类的字母代码、同一项目种类的字母代码、同一项目种类的序号、项目的功能字母代码。

4）端子代号（:）

端子代号是指项目（如成套柜、屏）内、外电路进行电气连接的接线端子的代号。电气图中端子代号的字母必须大写。

例如"：1"表示 1 号端子，"：A"表示 A 号端子。端子代号也可以是数字与字母的组合，例如 P101。

电器接线端子与特定导线（包括绝缘导线）相连接时，规定有专门的标记方法。电气接线端子的标记如表 1－10 所列，特定导线的标记如表 1－11所列。

表 1－10　电气接线端子的标记

电气接线端子名称		标记符号	电气接线端子名称	标记符号
交流系统	1 相	U	接地	E
	2 相	V	无噪声接地	TE
	3 相	W	机壳或机架	MM
	中性线	N	等电位	CC
保护接线		PE		

29

表 1 -11　特定导线的标记

导线名称		标记符号	导线名称	标记符号
交流系统	1 相	L_1	保护接线	PE
	2 相	L_2	不接地的保护导线	PU
	3 相	L_3	保护接地线和中性线共用一线	PEN
	中性线	N	接地线	E
直流系统的电源	正	B	无噪声接地线	TE
	负	L	机壳或机架	MM
	中间线	M	等电位	CC

2. 项目代号的应用

一张图上的某一项目不一定都有 4 个代号段。如有的不需要知道设备的实际安装位置时,可以省掉位置代号;当图中所有高层项目相同时,可省掉高层代号而只需要另外加以说明。通常,种类代号可以单独表示一个项目,而其余大多应与种类代号组合起来,才能较完整地表示一个项目。

项目代号一般标注围框或图形符号的附近,用于原理图的集中表示法和半集中表示法时,项目代号只在图形符号旁标注一次,并用机械连接线连接起来。用于分开表示法时,项目代号应在项目每一部分旁都要标注出来。

在不致引起误解的前提下,代号段的前缀符号可以省略。

1.2.5　回路标号(回路线号)

为便于接线和查线,电路图中用来表示设备回路种类、特征的文字和数字标号统称回路标号。

回路标号的一般原则:

(1) 回路标号按照"等电位"原则进行标注。等电位的原则是指电路中连接在一点上的所有导线具有同一电位而标注相同的回路称号。

(2) 由电气设备的线圈、绕组、电阻、电容、各类开关、触点等电气元件分隔开的线段,应视为不同的线段,标注不同的回路标号。

(3) 在一般情况下,回路标号由 3 位或 3 位以下的数字组成。以个位代表相别,如三相交流电路的相别分别为 1、2、3;以个位奇偶数区别回路的极性,如直流回路的正极侧用奇数,负极侧用偶数;以标号中的十位数字的顺序区分电路中的不同线段;以标号中的百位数字来区分不同供电电源的电路。如直流电路中 B 电源的正、负极电路标号用"101"和"102"表示,L

电源的正、负极电路标号用"201"和"202"表示。电路中共用同一个电源，则百位数字可以省略。当要表明电路中的相别或某些主要特征时，可在数字标号的前面或后面增注文字符号，文字符号用大写字母，并与数字标号并列。在机床电气控制电路图中回路标号实际上是导线的线号。

1.3 电气图制图规则和方法

1.3.1 电气图制图规则

1. 电气图的布局

1）图纸格式

绘制图样时，按图 1-27 优先采用表 1-12 中规定的幅面尺寸，必要时可沿长边加长。A_0、A_2、A_4 幅面的加长量应按 A_0 幅面长边的 1/8 的倍数增加；A_1、A_3 幅面的加长量应按 A_0 幅面短边的 1/4 的倍数增加；A_0 及 A_1 幅面也允许同时加长两边。

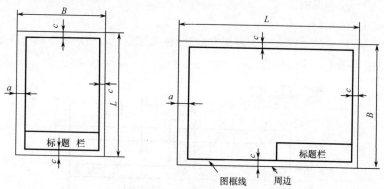

图 1-27 需要装订的图框格式

表 1-12 图纸幅面尺寸 （单位：mm）

幅面代号	A_0	A_1	A_2	A_3	A_4	A_5
$B \times L$	841×1189	594×841	420×594	297×420	210×297	148×210
a	25					
c	10			5		
e	20		10			

当图样不需要装订时,只要将图1-27中的尺寸a和c都改成e即可。图框线用粗实线绘制。

2)布局的要求

(1)排列均匀、间隔适当、美观清晰,为计划补充的内容留出必要的空白,但又要避免图面出现过大的空白。

(2)有利于识别能量、信息、逻辑、功能这4种物理量的流向,保证信息流及功能流从左到右、从上到下的流向(反馈流相反),而非电过程流向与信息流向相互垂直。

(3)电气元件按工作顺序或功能关系排列。引入、引出线多在边框附近,导线、信号通路、连接线应少交叉、折弯,且在交叉时不得折弯。

(4)紧凑、均衡,留足插写文字、标注和注释的位置。

3)整个画面的布局

(1)画面的布置。

(2)主要设备及材料明细表。

(3)技术说明。

(4)标题栏。

标题栏中的文字方向为看图方向,国标对标题栏的格式未作统一规定,建议采用图1-28的格式。

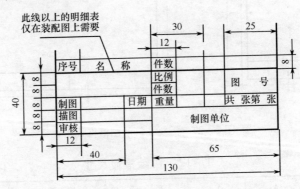

图1-28 标题栏的格式和尺寸

4)电路或电气元件的布局方法及应用

(1)电路或电气元件布局的原则。

① 电路垂直布局时,相同或类似项目应横向对齐,水平布局时,应纵向对齐,如图1-29、图1-30所示。

32

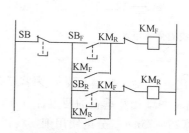

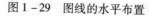

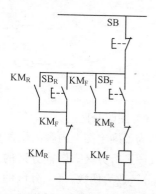

图 1 - 29　图线的水平布置　　　　　图 1 - 30　图线的垂直布置

② 功能相关的项目应靠近绘制,以清晰表达其相互关系并利于识图。

③ 同等重要的并联通路应按主电路对称布局。

（2）功能布局法。电路或电气元件符号的布置,只考虑便于看出它们所表现的电路或电气元件功能关系,而不考虑实际位置的布局方法,称为功能布局法。功能布局法将要表示的对象划分为若干个功能组,安装因果关系从左到右或从上到下布置,并尽可能按工作顺序排列,以利于看清其中的功能关系。功能布局法广泛应用于方框图、电路图、功能表图、逻辑图中。

（3）位置布局法。电路或电气元件符号的布置与该电气元件实际位置基本一致的布局方法,称为位置布局法。这种布局法可以清晰看出电路或电气元件的相对位置和导线的走向,广泛应用于接线图、平面图、电缆配置图等。

5）图线的布置

一般而言,电源主电路、一次电路、主信号通路等采用粗线,控制回路、二次回路等采用细线表示,而母线通常比粗实线还宽2～3倍。

（1）水平布置。将表示设备和元件的图形符号按横向布置,连接线成水平方向,各类似项目纵向对齐。如图1-29所示,图中各电气元件按行排列,从而使各连接线基本上都是水平线。

（2）垂直布置。将表示设备和元件的图形符号按纵向布置,连接线成垂直方向,各类似项目横向对齐,如图1-30所示。

（3）交叉布置。为了把相应的元件连接成对称的布局,也可采用斜向交叉线表示,如图1-31所示。

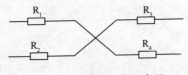

图1-31　图线的交叉布置

6) 图幅分区

为了确定图上内容的位置及其他用途,应对一些幅面较大、内容复杂的电气图进行分区。图幅分区的方法是将图纸相互垂直的两边各自加以等分,分区数为偶数,每一分区的长度为 25～75mm。分区线用细实线,每个分区内竖边方向用大写英文字母编号,横边方向用阿拉伯数字编号,编号顺序应以标题栏相对的左上角开始。

图幅分区后,相当于建立了一个坐标,分区代号用该区域的字母和数字表示,字母在前数字在后,图1-32 中,将图幅分成4 行(A～D)和8 列(1～8)。图幅内所绘制的元件 KM、SB、R 在图上的位置被唯一地确定下来了,其位置代号列于表1-13 中。

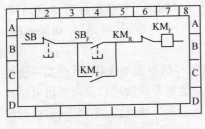

图1-32　图幅分区示例

表1-13　图上元件的位置代号

序号	元件名称	符号	行号	列号	区号
1	开关(按钮)	SB	B	2	B2
2	开关(按钮)	SB_F	B	4	B4
3	继电器触点	KM_R	B	6	B6
4	继电器线圈	KM_F	B	7	B7
5	继电器触点	KM_F	C	4	C4

2. 图线及其他

1) 图线

(1) 图线的选择。绘制图样时,应采用表1-14 中规定的图线,其他用途可查阅国家标准。

图线分为粗、细两种。粗线的宽度 b 应按图的大小和复杂长度,在 0.5～2mm 之间选择,细线的宽度约为 $b/3$。

图线宽度的推荐系列为 0.18mm、0.25mm、0.35mm、0.5mm、0.7mm、1.0mm、1.4mm、2.0mm。

(2) 指引线的用法。指引线用于指示注释的对象,其末端指向被注释处,并在某末端加注以下标记(图1-33):若指在轮廓线内,用一黑点表示,

表 1-14　图线及其应用

图线名称	图线型式	图线宽度	主 要 用 途
粗实线	———————	$b = 0.5 \sim 2$	可见轮廓线
细实线	———————	约 $b/3$	尺寸线、尺寸界线、剖面线、引出线
波浪线	∿∿∿	约 $b/3$	断裂处的边界线，视图和剖视的分界线
双折线	∿⌇∿	约 $b/3$	断裂处的边界线
虚线	⊢1⊣ 4 — — —	约 $b/3$	不可见轮廓线
细点画线	⊢3⊣ 15 ·—·—·	约 $b/3$	轴线、对称中心线
粗点画线	●—●—●	约 b	有特殊要求的表面的表示线
双点画线	⊢5⊣ 15 ·—··—··	约 $b/3$	假想投影轮廓线、中断线

如图 1-33(a)所示；若指在轮廓线上，用一箭头表示，如图 1-33(b)所示；若指在电气线路上，用一短线表示，如图 1-33(c)所示。图中指明导线分别为 $3 \times 10\text{mm}^2$ 和 $2 \times 2.5\text{mm}^2$。

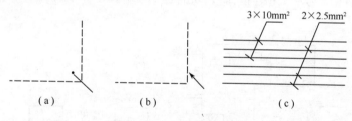

图 1-33　指引线的用法

（3）图线的连续表示法及其标志。连接线可用多线或单线表示，为了避免线条太多，以保持图面的清晰，对于多条去向相同的连接线，常采用单线表示法，如图 1-34 所示。

当导线汇入用单线表示的一组平行连接线时，在汇入处应折向导线走向，而且每根导线两端应采用相同的标记号，如图 1-35 所示。

连续表示法中导线的两端应采用相同的标记号。

（4）图线的中断表示法及其标志。为了简化线路图或使多张图采用相同的连接表示，连接线一般采用中断表示法。

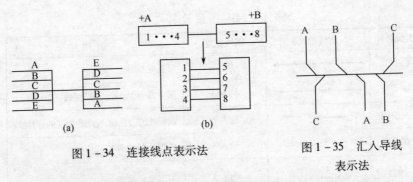

图 1-34　连接线点表示法

图 1-35　汇入导线
表示法

在同张图中断处的两端给出相同的标记号,并给出导线连接线去向的箭号,如图 1-36 中的 G 标记号。对于不同张的图,应在中断处采用相对标记法,即中断处标记名相同,并标注"图序号/图区位置",如图 1-36 所示。图中断点 L 标记名,在第 20 号图纸上标有"L3/C4",它表示 L 中断处与第 3 号图纸的 C 行 4 列处的 L 断点连接;而在第 3 号图纸上标有"L20/A4",它表示 L 中断处与第 20 号图纸的 A 行 4 列处的 L 断点相连。

对于接线图,中断表示法的标注采用相对标注法,即在本元件的出线端标注去连接的对方元件的端子号。如图 1-37 所示,PJ 元件的 1 号端子与 CT 元件的 2 号端子相连接,而 PJ 元件的 2 号端子与 CT 元件的 1 号端子相连接。

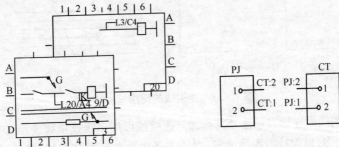

图 1-36　中断表示及其标志　　图 1-37　中断表示法的相对标注

2) 字体

在图样中书写的字体必须做到:字体端正、笔画清楚、排列整齐、间隔均匀。

汉字应写成长仿宋体,并应采用国家正式公布的简化字。字体的号数,即字体的高度(单位 mm)分为 20、14、10、7、5、3.5、2.5,字体的宽度约等于

36

字体高度的 2/3,数字及字母的笔画宽度约为字体高度的 1/10。

数字和字母分为直体和斜体两种,常用的是斜体,斜体的字字头向右倾斜,与水平线约成 75°角。

3)比例

绘制图样时一般应采用表 1-15 所列的比例。

表 1-15　绘图的比例

与实物相同	1:1					
缩小的比例	1:1.5	1:2	1:3	1:4	1:5	$1:10^n$
	$1:1.5 \times 10^n$	$1:2 \times 10^n$	$1:2.5 \times 10^n$	$1:5 \times 10^n$		
放大的比例	2:1	2.5:1	4:1	5:1	$(10 \times n):1$	
注:n 为正整数						

1.3.2　电气图基本表示方法

1. 线路表示方法

线路的表示方法通常有多线表示法、单线表示法和混合表示法 3 种。

电气设备的每根连接线或导线各用一条图线表示的方法称为多线表示法。多线表示法一般用于表示各相或各线内容的不对称和要详细表示各相或各线的具体连接方法的场合。

图 1-38 就是一个 Y-△转换电动机主电路,这个电路能比较清楚地看出电路工作原理,但图线太多,对于比较复杂的设备,交叉就多,反而有阻碍看懂图。

电气设备的两根或两根以上的连接线或导线,只用一根线表示的方法,称为单线表示法。单线表示法主要适用于三相电路或各线基本对称的电路图中。图 1-39 就是图 1-38 的单线表示法。采用这种方法对于不对称的部分应在图中注释,例如图 1-39 中热继电器是两相的,图中标注了"2"。

在一个图中,一部分采用单线表示法,一部分采用多线表示法,称为混合表示法。图 1-40 是图 1-38 的混合表示。为了表示三相绕组的连接情况,该图用了多线表示法;为了说明两相热继电器,也用了多线表示法;其余的断路器 QF、熔断器 FU、接触器 KM_1 都是三相对称,采用单线表示。这种表示法具有单线表示法简洁精练的优点,又有多线表示法描述精确、充分的优点。

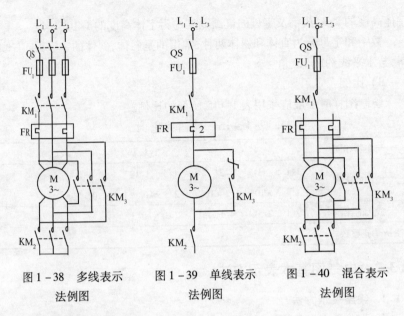

图 1 - 38　多线表示
　　法例图

图 1 - 39　单线表示
　　法例图

图 1 - 40　混合表示
　　法例图

2. 电气元件表示方法

一个元件在电气图中完整图形符号的表示方法有集中表示法、分开表示法和半集中表示法。

把电气元件、设备或成套装置中的一个项目各组成部分的图形符号,在简图上绘制在一起的方法,称为集中表示法。在集中表示法中,各组成部分用机械连接线(虚线)互相连接起来,连接线必须是一条直线,如图 1 - 41 所示,这种表示法直观、整体性好,适用于简单的电路图。

把一个项目中某些部分的图形符号在简图中按作用、功能分开布置,并用机械连接符号把它们连接起来,称为半集中表示法,例如图 1 - 42。在半集中表示中,机械连接线可以弯折、分支和交叉。

把一个项目中某些部分的图形符号在简图中分开布置,并使用项目代号(文字符号)表示它们之间关系的方法称为分开表示法,也称展开法,例如图 1 - 43。由于分开表示法中省去了图中项目各组成部分的机械连接线,查找各组成部分就比较困难,为了便于寻找其在图中的位置,分开表示法可与半集中表示法结合起来,或者采用插图、表格来表示各部分的位置。

采用集中表示法和半集中表示法绘制的元件,其项目代号只在图形符号旁标出并与机械连接线对齐,如图 1 - 41 和图 1 - 42 中所示的 KM。

采用分开布置表示法绘制的元件,其项目代号应在项目的每一部分自身符号旁标注,必要时,对同一项目的同类部件(如各辅助开关,各触点)可加注序号,例如,图 1-43 中接触器的两个触点可以表示为 KM_{-1}、KM_{-2}。

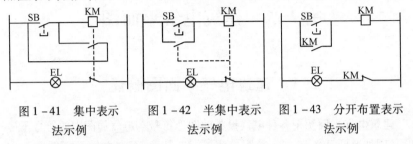

图 1-41 集中表示法示例　　图 1-42 半集中表示法示例　　图 1-43 分开布置表示法示例

标注项目代号时应注意:

(1) 项目代号的标注位置尽量靠近图形符号。

(2) 图线水平布局的图、项目代号应标注在符号上方。图线垂直布局的图、项目代号标注在符号的左方。

(3) 项目代号中的端子代号应标注在端子或端子位置的旁边。

(4) 对围框的项目代号应标注在其上方或右方。

第2章 建筑电气平面图

2.1 建筑电气平面图概述

建筑电气平面图中各种电气设备的图形符号与电气简图中的符号不尽相同,例如照明开关在电气简图中用"-⌒"表示,而在电气平面图中则用"ơ"表示。因此,在国标 GB4728—2005 中列有专门的《电力及照明平面图图形符号》《电信平面图图形符号》等,主要提供电气设备在建筑物内的安装位置、供电布线、安装方法等信息,以及建筑物内用电设备的编号、型号、规格和容量等有关参数,为安装施工、运行、维护管理等提供相应的技术资料。常见电力及照明平面图图形符号见附录。

2.1.1 电气图分类

根据各电气图所表示的电气设备、工程内容及表达形式的不同,电气图通常可分为电气总平面图、电气系统图、电气平面图、电气原理图、电气接线图、大样图、电缆清册、图例、设备材料表、设计说明等。

1. 电气总平面图

电气总平面图是在建筑总平面图上表示电源及电力负荷分布的图样,主要表示各建筑物的名称或用途、电力负荷的总装机容量、电气线路的走向及变配电装置的位置、容量和电源进户的方向等。通过电气总平面图可以了解该项目的工程概况,掌握电气负荷的分布及电源装置等。一般大型工程有电气总平面图,中小型工程则由动力平面图或照明平面图代替。

2. 系统图(或框图)

系统图是用单线表示电能或信号按回路分配出去的图样,主要表示各个回路的名称、用途、容量以及主要电气设备、开关元件及导线电缆的规格型号等。通过电气系统图可以知道该系统的回路个数及主要用电设备的容量、控制方式等。图 2-1 所示的某供电系统图,表示这个变电所把 10kV 电压通过变压器变换为 0.38kV 电压,经断路器 QF 和母线后通过 QF$_1$、QF$_2$、QF$_3$、QF$_4$ 分别供给 4 条支路。又如图 2 - 2 所示的接触器直接启动线路的主电路表示了电动机的供电关系,它的供电过程是由电源 L$_1$、L$_2$、L$_3$→隔离开关 QS→三相熔断器 FU→接触器 KM→热继电器热元件 FR→电动机。

系统图(或框图)常用来表示整个工程或其中某一项目的供电方式和电能输送关系,也可表示某一装置或设备各主要组成部分的关系。

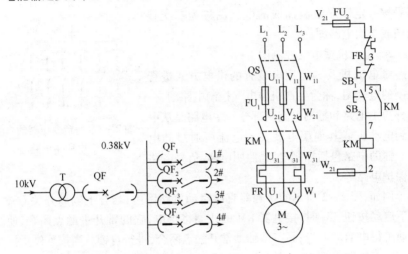

图 2 - 1　某变电所供电系统图　　　图 2 - 2　接触器直接启动线路

3. 电气原理图

电气原理图又称原理接线图,是单独用来表示电气设备及元件控制方式及其控制线路的图样。主要表示电气设备及元件的启动、保护、信号、联锁、自动控制及测量等。这种图按工作顺序用图形符号从上而下、从左到右排列,详细表示电路、设备或成套装置的全部组成和连接关系,而不考虑其实际位置的一种简图。电气原理图可分为电力系统图、生产机械电气控制图和电子电路图 3 种。

1) 电力系统图

电力系统图又分为发电厂变电电路图、厂矿变配电电路图、电力及照明配电电路图。每种又可分为主接线图和二次接线图。

主接线图是把电气设备或电气元件(如隔离开关、断路器、互感器、避雷器、电力电容器、变压器、母线等),按一定顺序连接起来,汇集和分配电能的电路图。

例如,图 2-3 所示的单台变压器的高压变电所主电路,电源先经过断路器 1QF 送到变压器 T,变压后再经过断路器 2QF 送到母线汇流排,向各用户分配电力。

将对一次设备进行控制、提示、检测和保护的附属设备称为二次设备,将表示二次设备的图形符号按一定顺序绘制而成的电气图称为二次接线图或二次电路图。

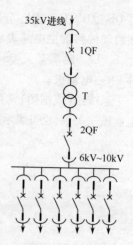

图 2-3 一台变压器的高压变电所主电路

2)生产机械电气控制图

对电动机及其他用电装置的供电方式进行控制的电气图,称为生产机械电气控制电路图,一般分为主电路和辅助电路两部分。主电路是从电源到电动机或其他用电装置大电流所通过的电路。辅助电路包括控制电路、照明电路、信号电路和保护电路等。

例如,图 2-2 所示的接触器直接启动电路图中,当合上隔离开关 QS,按下启动按钮 SB_2 时,接触器 KM 的线圈将得电,它的常开主触点闭合,使电动机得电启动运行;另一个辅助常开触点闭合,进行自锁。当按下停止按钮 SB,或热继电器 FR 动作时,KM 线圈失电,常开主触点断开,电动机停止。可见它表示了电动机的操作控制原理。

3)电子电路图

反映由电子电气元件组成的设备或装置工作原理的电气图,称为电子电路图,又可分为电力电子电路图和电子电器图。

4. 接线图

接线图是与电气原理图配套的图样,用来表示设备元件外部接线及设备元件之间的接线。通过接线图可以知道系统控制的接线及控制电缆、控制线的走向及布置等。图 2-4 所示为接触器直接启动线路接线图,它清楚地表示了各元件之间的实际位置和连接关系:电源(L_1、L_2、L_3)经 QS 由 U_{11}、V_{11}、W_{11} 接至熔断器 FU_1,再由 U_{21}、V_{21}、W_{21} 接至交流接触器 KM 的主触点,再经过 U_{31}、V_{31}、W_{31} 接至继电器的发热元件,接到端子排的 U_1、V_1、W_1,最后用导线接入电动机的 U、V、W 端子。当一个装置比较复杂时,接线图又可分为单元接线图(表)、互连接线图(表)、端子接线图(表)、电线电缆配置图(表)、屏面布置图等。

42

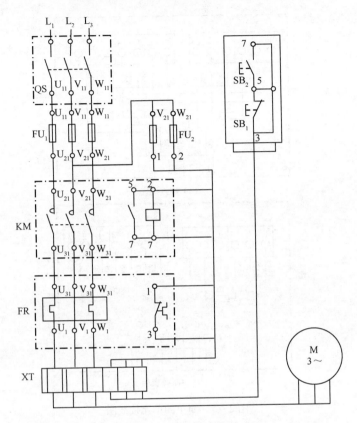

图 2 - 4　接触器直接启动线路接线图

1) 单元接线图(表)

它是表示成套装置或设备中一个结构单元内的各元件之间连接关系的一种接线图。通常按装置或设备的背面布置而绘制出其中的连接关系,所以又称为屏背面接线图。

图 2 - 5 所示为一简单的单元接线图,其中图 2 - 5(a)为连续线表示,图 2 - 5(b)为中断线表示。该图共有 6 个项目:A、B、C、D、R、X。图中清楚地表示出了各项目之间的连接关系。

为了能表示出接线图中线缆号、线缆型号及规格、项目代号、两端连接端子号和其他说明等内容,在单元接线图中往往给出了单元接线表。对一些项目较少且接线简单的单元也可只给出单元接线表,按图 2 - 5 制作的接线表如表 2 - 1 所列。

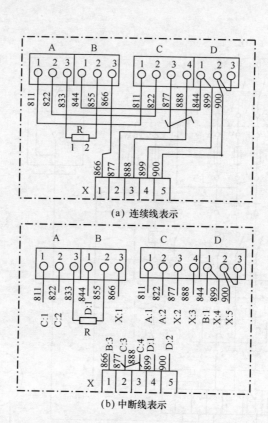

(a) 连续线表示

(b) 中断线表示

图 2-5 简单的单元接线图

表 2-1 单元接线表

线号	线缆型号及规格	连接点 I			连接点 II			附注
		项目代号	端子号	参考	项目代号	端子号	参考	
811	BX-1.5	A	1		C	1		
822	BX-1.5	A	2		C	2		
833	BX-1.5	A	3		R	1		
844	BX-1.5	B	1		D	1	89	
855	BX-1.5	B	2		R	2		
866	BX-1.5	B	3		X	1		
877	BX-1.5	C	3		X	2		绞线 T1
888	RVB-2×1.5	C	4		X	3		绞线 T1

线号	线缆型号及规格	连接点 I			连接点 II			附 注
		项目代号	端子号	参考	项目代号	端子号	参考	
899	RVB－2×1.5	D	1	85	X	4		
900	BX－1.5	D	2		X	5		

注:接线表应包括以下几项:

① 线缆束号,即表示连线导线所属的电缆,如为单根导线,不分束,则不表示;

② 线号,即导线标号(导线的独立标记号),也可用文字、字母表示;

③ 线缆型号及规格,即电缆或导线的型号及其规格;

④ 连接点 I、II,即连接线两端与设备、元器件的连接点,包括项目代号、接线端子号及其有关的其他连接线的说明(列入"参考"栏);

⑤ 附注,即与连接线有关的其他说明

2) 互连接线图(表)

它是表示成套装置或设备的不同单元之间连接关系的一种接线图,一般包括线缆与单元内端子的接线板的连接,但单元内部的连接情况通常不包括在内。为了说明单元内部的连接情况,通常给出相关单元接线图的图号,以方便对照阅读。

图2-6(a)是用连续线表示的互连接线图。它表示4个单元之间的连接关系。这4个单元的项目代号(只表示出了位置代号)分别为＋A、＋B、＋C、＋D,其中＋A、＋B、＋C 三个单元用点划线方框表示,其内部各装有一个端子板,其代号均为X,而项目D只表明了去向。图中各单元的互连关系如下:

＋A、＋B 之间:用 207 号线缆相连,线缆型号及规格为 KVV－3×2.5mm^2,每根芯线的两端均标有相同的芯线号,如1号芯线的一端接＋A－X:1,另一端接＋B－X:2。

＋B、＋C 之间:用 208 号线缆相连,线缆型号及规格为 KVV－2×6mm^2。

＋A、＋D 之间:用 209 号线缆相连,线缆型号及规格为 KVV－2×4mm^2。

图2-6(b)与图2-6(a)所示的是同一装置的互接线图,图中有的采用单线表示法,如＋A、＋B 之间的 207 号线缆;有的用中断线表示,如＋B、＋C 之间的 208 号线缆和＋A ＋D 之间的 209 号线缆。中断处用远端标记表明去向,如208号线揽,在＋B端标记为"＋C",在＋C端记为"＋B"。

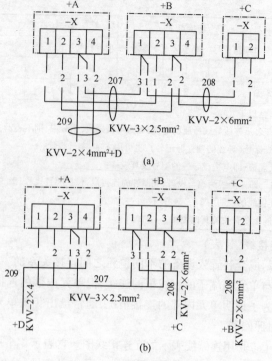

(a)

(b)

图 2-6 互连接线图表示法

表 2-2 所列的互连接线表与图 2-6 相对应,表示 +A、+B、+C、+D 单元之间 207 号、208 号、209 号 3 根线缆两端的连接(连接点Ⅰ、Ⅱ)关系。

表 2-2 互连接线表

线缆号	线号	线缆型号规格	连接点Ⅰ			连接点Ⅱ			备注
			项目代号	端子号	参考	项目代号	端子号	参考	
207	1 2 3	KVV - 3×2.5mm²	+ A - X	1 2 3	209.1①	+ B - X	2 3 1	208.2 208.1	
208	1 2	KVV - 2×6mm²	+ B - X	1 3	207.3 207.2	+ C - X	1 2		
209	1 2	KVV - 2×4mm²	+ A - X	3 4	207.3	+ D			去 D 见图 0014②
① 表示 209 号线缆的 1 号芯线与 207 号线缆的 3 号芯线相接,其余类同;									
② 表示 209 号线缆可从 0014 号图中查出详细信息									

46

3）端子接线图（表）

它是表示成套装置或设备的端子以及接在端子上外部接线（必要时包括内部接线）的一种接线图。一般情况下不表示端子板与内部其他部件的连接关系。但可给出相关元件的图号，以便查阅。

图 2-7 是两个端子接线图的示例，其中左边是结构单元 +A6 的端子接线图，右边是结构单元 +B5 的端子接线图。

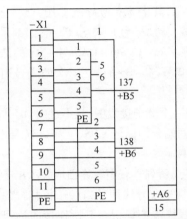
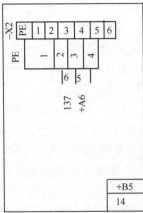

（a）独立标记法

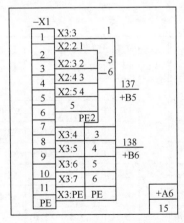
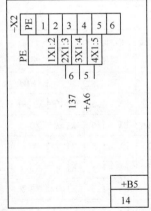

（b）相对标记法

图 2-7 端子接线图

图中 +A6（位置代号）单元的端子排的代号为 X1，共有 12 个端子，依次标号为 1~11 和 PE，其中 5、6 为备用。 +A6 单元端子接线图画在 15 号图上。

+ B5 单元的端子接线图画在 14 号图上,其端子排的代号为 X2,共有 7 个端子,依序标号为 1～6 和 PE,其中 1、6 号端子为备用。

+ B6 单元的端子排代号为 X3,其中端子代号为 1～6 和 PE,图中未详细画出端子接线图。

将单元 + A6、+ B5、+ B6 分别用 137、138 号两根线缆组相互连接起来。137 号线束将 + A6 和 + B5 连接起来,其中 5、6 号导线备用,138 号线束将 + A6 与 + B6 连接起来,共有 7 根线,分别标为 1～6 和 PE,它们都采用独立标记法。这样就可按端子接线图将 + A6 与 + B6、+ A6 与 + B5 的结构单元连接起来,例如 + A6 的 X1 端子的 2 号与 + B5 的端子 X2 的 2 号用导线连接,标注 1 号线。

图 2 - 7(b)与图 2 - 7(a)是同一个端子接线图,只不过图(b)采用的是相对标记法,例如 137 号电缆束的两端分别标记 + B5、+ A6,137 号电缆的 1 号芯线的两端分别标记 X2：2、X2：1。

图 2 - 7 的端子接线表如表 2 - 3 所列。表中较详细地表示出了每一根导线接于端子的标记、导线的型号规格及导线两端口端子板相接的本端子标记,表中采用了本端标记法(导线终端的标记与其所连接的标记相同的标记方法)。

表 2 - 3　端子接线表

线缆号	芯线号	型号及规格	端子	远端标记	备注	线缆号	芯线号	型号及规格	端子	远端标记	备注
				+ B4						+ B5	
	PE	BV - 1.5	X1: PE	X3: PE			PE	BV - 1.5	X1: PE	X2: PE	
	1	BV - 1.5	X1:1	X3:3			1	BV - 1.5	X1:2	X2:2	
	2	BV - 1.5	X1:7				2	BV - 1.5	X1:3	X2:3	
138	3	BV - 1.5	X1:8	X3:4		137	3	BV - 1.5	X1:4	X2:4	
	4	BV - 1.5	X1:9	X3:5			4	BV - 1.5	X1:5	X2:5	
	5	BV - 1.5	X1:10	X3:6	备用		5	BV - 1.5	X1:6	—	备用
	6	BV - 1.5	X1:11	X3:7			6	BV - 1.5	—	—	备用

4)电线电缆配置图(表)

它是表示电线电缆两端位置,必要时还包括电线电缆功能、特性和路径等信息的一种接线。一般只表示出电缆的种类,也可表示出电缆的路径、敷设方式等,它是计划敷设电缆工程的基本依据。

图 2－8 是电缆配置图的一个例子,它是与图 2－7 相对应的。其中图 2－8(a)各单元用实线框表示,且只表示出了各单元之间所配置的电缆,并未示出电缆和各单元连接线的详细情况。

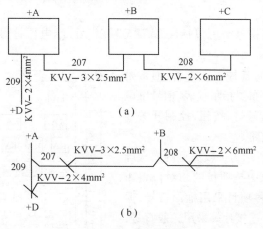

图 2－8 电缆配置图

这种电缆配置图还可以采用更简单的单线法绘制,只在线缆符号上标注线缆号,如图 2－8(b)所示。

表 2－4 是电缆配置表,它与图 2－8 相对应。表中附注栏内标"见图0014",表示 209 号线缆可从 0014 号图中查出详细的信息。

表 2－4 电缆配置表

电缆号	电缆型号	连接点		附注
207	KVV－3×2.5mm²	＋A	＋B	
208	KVV－2×6mm²	＋B	＋C	
209	KVV－2×4mm²	＋A	＋D	见图 00014

5)屏面布置图

屏面布置图就是采用框形符号来表示屏面设备布置的一种位置简图,它是制造厂用来加工制作电气、电柜的依据,也可供安装接线、查找、维护管理过程中核对屏内设备的名称、位置、用途及拆装、维修等用,它与单元接线图相对应,因此可作为阅读和使用单元接线圈的重要参照。

屏面布置图具有以下特点：

屏面布置的项目通常用实线绘制的正方形、长方形、圆形等框形符号或简化外形符号表示，为便于识别，个别项目也可采用一般符号。

符号的大小及其间距尽可能按比例绘制，但某些较小的符号允许适当放大绘制。

符号内或符号旁可以标注"A""V"等代号，继电器符号内标注"KA""KV"等。

屏面上的各种二次设备，通常是从上至下依次布置指示仪表、信号继电器、光字牌、信号灯、按钮、控制开关和必要的模拟线路。

图2-9所示为一较典型的二次屏面布置图。图中按项目的相对位置布置了各项目，各项目采用框形符号，但信号灯、按钮、连接片等采用一般符号，项目的大小没有完全按实际尺寸画出，但项目的中心间距则标注了严格的尺寸。屏顶上方附加的60mm钢板用于标写该屏的名称，如"变压器保护屏"。仪表、继电器等框形符号内标注了项目代号，如"A""V""KA₁"等，一些项目的框形尺寸较小，采用引出线表示。光字牌、信号灯、按钮等外形尺寸较小的项目

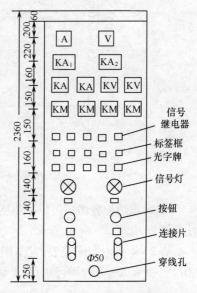

图2-9 屏面布置图示例

采用比其他项目稍大的比例绘制，但符号标注清楚。光字牌内的标字不在图面上表示，而用另外表格标注。该屏4个光字牌的标字表如表2-5所列。

表2-5 光字牌的标字含义

符号	标字	编号	备注
HE₁	10kV 线路接地	1	参考图 E08
HE₂	变压器温升过高	2	
HE₃	掉牌未复归	3	
HE₄	自动重合闸	4	参考图 E112
注:参考图未画出			

需要特别指明的是,信号灯、掉牌信号继电器、操作按钮、转换开关等符号的下方设有标签框,以此向操作、维修人员提示该元件的功能,以免发生误操作或其他错误。由于标签框很小,因此图上只标注数字,标签框内的标字另用表格表示,其式样如表2－6所列。

表2－6　标字表格

符号	标字	编号	备注
HA	蜂鸣器试验	1	参考图E04
S_1	合主开关	2	参考图E101
S_2	断主开关	3	

连接片和试验接线柱布置在屏面的下方,供调试用。在距地面250mm的屏面上有一个圆孔,孔径60mm,供调试时穿导线用。

5. 电气平面图

电气平面图包括供电线路平面图、变配电所平面图、电力平面图、照明平面图、弱电系统平面图、防雷与接地平面图等。它一般是在建筑平面图的基础上制出来的。

图2－10所示为某机械加工车间的电力平面图,它清楚地表述了各台用电设备的位置、各电力配电线路(干线、支线)、配电箱等的平面布置及其有关内容。图2－11是该车间的电力干线配置图,它表述了总配电箱与分配箱之间的关系。

(1)配电干线。配电干线主要指外电源至总电力配电箱(0号)、总配电箱至分配电箱(1~5)的配电线路(图2－11),采用放射式配电方式,平面图和干线配置图表述了这些线路的布置走向、型号、规格、长度(由建筑物尺寸确定)、敷设方式、敷设部位等。例如,由总配电箱到5号分配电箱的干线采用3根截面积为120mm²和1根截面积为60mm²的BLX(铝芯橡胶绝缘线),沿墙瓷瓶敷设,其长度均58m。

(2)配电箱。该车间布置了6个电力配电柜、箱。其中0号配电柜为总配电柜,布置在右侧配电间内,由变电所引入,采用电缆进线,5回路出线,分别至各分配电箱,而各分配电箱都有4回路出线至各用电设备。

(3)用电设备。图中所描述的电力设备主要是电动机,各种电动机共21台,编号为1~21,每台均给出标注。其位置可按建筑平面图比例尺在图上直接量取,必要时可参阅有关的建筑基础平面图、工艺图等来确定。

(4)配电支线。配电箱到用电设备的连接线称为配电支线,图2－10

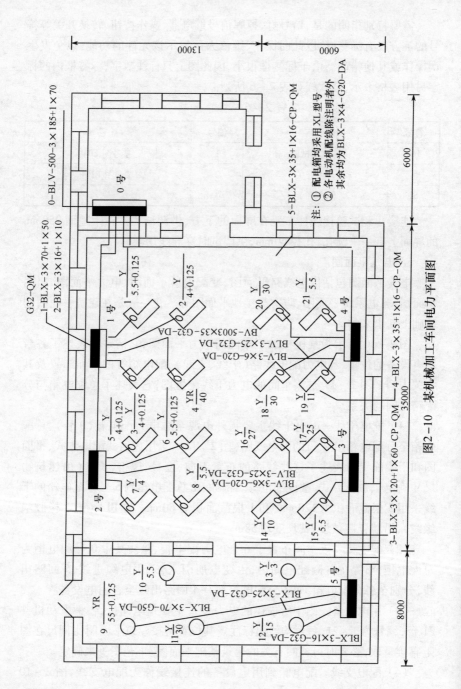

图2-10 某机械加工车间电力平面图

52

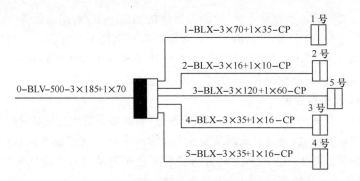

图 2-11 某机械加工车间的电力干线配置图

详细描述了 21 条配电支线的位置、导线型号、规格、敷设方式等。例如,供给 9 号用电设备的支线标注为:BLX－3×70－G50－DA,表示它采用 3 根截面积为 70mm^2 的 BLX,穿线管直径为 50mm,进行沿地暗敷设。图中没有标注的支线均采用 BLX－3×4－G20－DA。

　　配电线路除采用上述布置图来描述外,还可采用配电系统表图方法来描述。图 2-12 就是图 2-10 的配电系统表图,这种图层次清楚,是电力系统图中最常用的一种形式。图中按电能输送关系画出 4 个主要部分,即电源进线及母线、配电线路、启动控制设备和受电设备。对线路,标注了导线型号、规格、敷设方式及穿线管的规格;对开关、熔断器等控制保护设备,标

电源进线	刀开关	熔断器额定电流/A	配电线路		线路编号	控制设备	用电设备		备注
			计算电流/A	导线型号规格			型号	安装位置编号	
		熔体额定电流/A		穿线管规格			符号		
							功率/kW	设备编号	
BLX－3×70+1×35 ▷ CP	HRD－100/31	RL 型 30/25	11	BLX3×2.5－G15－DA	1	CJ10－20	Ⓜ Y/5.5	1/1	
		30/20	8.2	BLX3×2.5－G15－DA	1	CJ10－10	Ⓜ Y/4	1/2	电动机
设备容量 P_e 53.5kW		30/20	8.2	BLX3×2.5－G15－DA	1	CJ10－10	Ⓜ Y/4	1/3	
计算容量 P_{30} 32.1kW									
计算电流 I_{30} 66.3A		200/100	79	BLX3×35－G32－DA	1	CJ12－10	Ⓜ YR/40	1/4	

图 2-12　图 2-10 中 1 号配电箱的配电系统表图

注了开关热元件的整定电流、熔断器熔体的额定电流;对用电设备,标注了设备的型号、功率、名称和编号。这些标注与平面图上的标注一一对应,除此之外,在系统图上还标注了整个系统的计算容量等,必要时还标注了线路的电压损失,显然这种表图所包含的信息量更大。

6. 设备布置图

设备布置图由平面图、主面图、断面图、剖面图等组成,表示各种设备和装置的布置形式、安装方式以及相互之间的尺寸关系,通常这种图按三视图原理绘制。图 2 – 13 所示为某自动线的工艺布置及设备上电气装置位置图,它表示了接线箱、操作台、电控柜具体位置。

7. 设备材料表

设备材料表是用表格的形式表示系统中设备材料的规格、型号、数量等内容,它可置于图中的某一位置,也可单列一页(视元器件材料多寡而定)。为了方便书写,通常是从下而上排序。表 2 – 7 是某项目的设备材料表(部分)。

8. 大样图

大样图一般是用来表示某一具体设备的结构或某一元件的结构或具体安装方法的,通过大样图可以了解该项工程的复杂程度。一般非标的控制柜、箱、检测元件和架空线路的安装方法等都要用到大样图,大样图通常采用标准图集。其中剖面图也是大样图的一种。

图 2 – 14 的塑料线槽接线盒安装方法就给出了 4 种塑料接线盒的具体安装方法的,通过这张图可以了解到塑料接线盒采用塑料胀管固定。由于其他 3 种安装方式与方式一完全相同,因而剖视图予以省略。图中还给出了这几种接线盒的名称及尺寸,供安装使用。

9. 电缆清册

电缆清册是用表格的形式表示该系统中电缆的规格、型号、数量、敷设方法、头尾接线部位等的内容,如图 2 – 15 所示。除较简单的工程不使用电缆清册外,一般电缆较多的工程均使用。

10. 图例

图例是用表格的形式列出该系统中使用的图形符号或文字符号,如图 2 – 16所示,目的是使读图者容易读懂图样。

11. 设计说明

设计说明主要标注图中交代不清或没有必要用图表示的要求、标准、规范等。

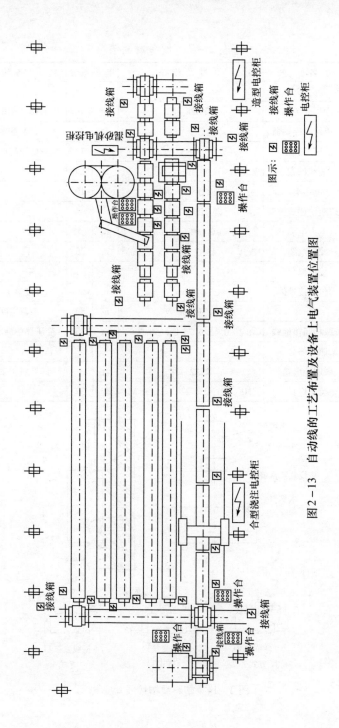

图 2－13 自动线的工艺布置及设备上电气装置位置图

表2-7 设备材料表

序号	名 称	型 号 及 规 格	单位	数量	备 注
	动力部分				
1	中压开关柜	KYN28-12	台	46	详见6kV配电系统图
2	微机综合保护器		台	43	详见6kV配电系统图
3	低压开关柜	MNS	台	17	详见低压配电系统图
4	镀锌槽钢	10	m	220	
5	电缆头	6kV 3×70mm²	套	10	
6	大跨距阶梯式桥架	玻璃钢 L=6m			
7	电力电缆	YJV-0.6/1-2×6mm²	m	145	
8	控制电缆	KYJV-0.45/0.75-5×1.5mm²	m	20	
	接地部分				
9	铜包钢接地体	φ12mm	m	230	接地干线
10		φ8mm	m	80	避雷网
11	黄绿相间接地线	BV-0.45/0.75 1×150mm²	m	30	变压器中性点接地
	照明部分				
12	照明配电箱	XSA2-24	台	1	详见照明系统图
13	荧光灯具	HYG101N236 220V 2×36W	套	37	

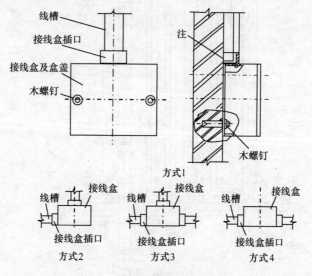

图2-14 塑料线槽接线盒安装

设计有限责任公司				电 缆 表						文件编号	EL3110－03

序号	电缆编号	设备容量	电缆型号	芯数截面/mm²	大约长度/m	备用芯数	穿管规格及长度/m	电缆起端	电缆终端	备注
1	2	3	4	5	6	7	8	9	10	11
17	311AL	5.08	YJV－0.6/1	5×6	40		DN32/3	公用工程变电所照明柜 AAL	公用工程变电所照明配电箱 311AL	
18	AC－1	3.19	YJV－0.6/1	4×4	10		DN25/6	公用工程变电所AA8－1回路	公用工程变电所变频器空调 AC－1	
19	AC－2	7.19	YJV－0.6/1	4×4	40		DN25/3	公用工程变电所AA5－1回路	公用工程变电所机柜间空调 AC－2	
23	ZMJ	3.0	YJV－0.6/1	3×4	30			公用工程变电所AA7－2回路	公用工程变电所 AAHJ	6kV 开关柜照明小母线电源
26	AD－AH3－2		YJV－0.6/1	2×10	50			公用工程变电所直流屏	公用工程变电所 AH3	6.3kV Ⅰ段控制电源

图 2－15　电缆清册

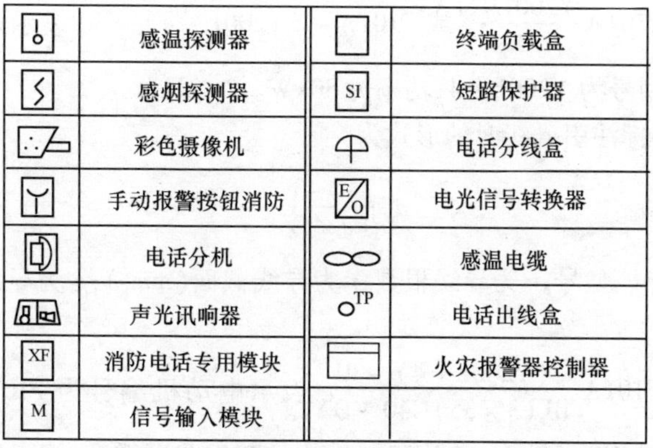

图 2－16　图例

电气图种类很多,但这并不意味着所有的电气设备或装置都应具备这些图纸。根据表达的对象、目的和用途不同,所需图的种类和数量也不一样,对简单的装置,可把电路图和接线图二合一,对于复杂装置或设备应分解几个系统,每个系统也有以上各种类型图。总之,在能表达清楚的前提下,电气图越简单越好。

2.1.2 安装图的标注方法及其应用

1. 用电设备的标注

一般形式为

$$\frac{a}{b} \ \text{或} \ \frac{a}{b} + \frac{c}{d}$$

其中:a 为设备编号;b 为额定功率(kW);c 为线路首端熔断片或自动开关释放器的电流(A);d 为标高(m)。

例如:$\dfrac{P101A}{7.5} + \dfrac{30}{1.5}$ 表示电动机编号为 P101A,功率为 7.5kW,熔丝电流为 30A,标高为 1.5m。

2. 电力和照明设备的标注

一般形式为

$$a\,\frac{b}{c} \text{或} \ a - b - c$$

其中:a 为设备编号;b 为设备型号;c 为设备功率(kW)。

例如:$P101A\,\dfrac{Y200L-4}{30}$ 或 $P101A-(Y200L-4)-30$ 表示电动机编号为 P101A,型号为 Y200L-4,功率为 30kW。

当需要标注引入线时的形式为

$$a\,\frac{b-c}{d(e \times f)-g}$$

其中:d 为导线型号;e 为导线根数;f 为导线截面(mm^2);g 为导线敷设方式及部位。

例如:$P101A\,\dfrac{(Y200L-4)-30}{BL(3 \times 35)G40-DA}$ 表示电动机编号为 P101A,型号为 Y200L-4,功率为 30kW,三根 35mm² 的橡套铝芯电缆、穿管直径为 40mm,水煤气钢管沿地板暗敷设引入电源负荷线。

电气工程图中表达导线敷设方式和部位标注的文字代号见表 2-8 和表 2-9。

58

表 2 - 8　电气工程图中表达导线敷设方式标注的文字代号

敷设方式	标注代号		敷设方式	标注代号	
	英文代号	汉语拼音代号		英文代号	汉语拼音代号
用轨型护套线敷设			用水煤气钢管敷设	SC	G
用塑制线槽敷设	PR	XC	用金属线槽敷设	SR	GC
用硬质塑料管敷设	PC	VG	用电缆桥架(或托盘)敷设	CT	
用半硬质塑料管敷设	FEC	SG	用瓷夹敷设	PL	CJ
用可挠型塑制管敷设		RG	用塑制夹敷设	PCL	VT
用薄电线管敷设	TC	DG	用蛇皮管敷设	CP	
用厚电线管敷设			用瓷瓶式或瓷柱式绝缘子敷设	K	CP

表 2 - 9　电气工程图中表达导线敷设部位标注的文字代号

敷设方式	标注代号		敷设方式	标注代号	
	英文代号	汉语拼音代号		英文代号	汉语拼音代号
沿钢索敷设	SR	S	在梁内暗敷设	BC	LA
沿屋架或屋架下弦敷设	BE	LM	在柱内暗敷设	CLC	ZA
沿柱敷设	CLE	ZM	在屋面内或顶板内暗敷设	CC	PA
沿墙敷设	WE	QM	在地面内或地板内暗敷设	FC	DA
沿天棚敷设	CE	PM	在不能进人的吊顶内暗敷设	AC	PNA
在能进人的吊顶内敷设	ACE	PNM	在墙内暗敷设	WC	QA

3. 配电线路的标注

一般形式为

$$a - b(c \times d + n \times h)e - f$$

其中:a 为线路编号;b 为导线型号;c 为导线根数;d 为导线截面(mm^2);n 为中性线(保护性)根数;h 为中性线(保护性)截面(mm^2);e 为导线敷设方式;f 为导线敷设部位。

例如:$24 - \text{BV}(3 \times 70 + 1 \times 50)\text{G}70 - \text{DA}$,表示这条线路在系统编号为 24,聚氯乙烯绝缘铜芯导线,3 根 70mm^2,一根 50mm^2 中性线,穿水煤气钢管直径为 70mm,沿地板暗敷设。

4. 照明灯具的标注

一般形式为

$$a - b\frac{c \times d \times L}{e}f$$

其中:a 为灯数;b 为型号或编号;c 为每盏灯具的灯泡数;d 为灯泡容量（W）;e 为灯泡安装高度（m）;f 为安装方式;L 为光源种类。

例如:$8 - \text{YZ40RR}\dfrac{2 \times 40}{2.5}L$ 表示这个房间或某一区域安装 8 只型号为 YZ40RR 的荧光灯,每只灯 2 根 40W 灯管,吊链安装,吊高为 2.5m。光源种类 L 主要指:白炽灯（IN）、荧光灯（FL）、荧光高压汞灯（Hg）、高压钠灯（Na）、碘钨灯（I）、氙灯（Xe）、弧光灯（ARC）及上述光源组成的混光灯,如红外线灯（IR）、紫外线灯（UV）等。光源种类一般不标出,因为灯具型号已示出光源的种类。如需要时,则在光源种类处标出代表光源种类的字母。

如果安装方式为吸顶安装时,f 不标,此时 e 用"—"表示。

照明灯具安装方式标注的代号及其意义如表 2 – 10 所列。

表 2 – 10　电气工程图中表达照明灯具安装方式标注的文字代号

敷 设 方 式	标注代号		敷 设 方 式	标注代号	
	英文代号	汉语拼音代号		英文代号	汉语拼音代号
线吊式	CP		嵌入(不可进人的顶棚)式	R	R
自在器线吊式	CP	X	嵌入(可进人的顶棚)式	CR	DR
固定线吊式	CP1	X1	墙壁内安装	WR	BR
防水线吊式	CP2	X2	台上安装	T	T
吊线器式	CP3	X3	支架上安装	SP	J
链吊式	Ch	L	壁装式	W	B
管吊式	P	G	柱上安装	CL	Z
吸顶式或直附式	S	D	座装	HM	ZH

5. 开关及熔断器的标注

一般形式为

$$a\frac{b}{c/i}\text{或} a - b - c/i$$

其中:a 为设备编号;b 为设备型号;c 为额定电流（A）;i 为整定电流（A）。

例如:$m_1\dfrac{\text{DZ20Y} - 200}{200/200}$ 或 $m_1 - (\text{DZ20Y} - 200) - 200/200$ 表示开关编号

为 m_1，开关型号为 DZ20Y-200，额定电流为 200A，开关的整定值为 200A。

当需要标注引入线时的形式为

$$a\,\frac{b-c/i}{d(e\times f)-g}$$

其中：d 为导线型号；e 为导线根数；f 为导线截面（mm^2）；g 为导线敷设方式。

6. 电缆的标注

电缆的标注形式与配电线路标注方式基本相同，但当电缆与其他设施交叉时，标注方式为

$$\frac{a-b-c-d}{e-f}$$

其中：a 为保护管根数；b 为保护管直径（mm）；c 为保护管长（m）；d 为地面标高（m）；e 为保护管埋设深度（m）；f 为交叉点坐标。

例如：$\dfrac{4-100-8-1.0}{0.8-f}$ 表示 4 根保护管，直径为 100mm，管长为 8m，标高为 1.0m，埋设深度为 0.8m。交叉点 f 一般用文字标注，如与 ×× 管道交叉，×× 管应见管道平面布置图。

7. 其他标注

其他电气设备及线路的标注方法如表 2-11 所列。

表 2-11　其他电气设备及线路的标注方法

标注名称	标注方式		说　明
最低照度	⑮		表示 15lx
照明照度检查点	①	●a	① a：水平照度
	②	●$\dfrac{a-b}{c}$	② $a-b$：双侧垂直照度（lx） 　c：水平照度（lx）
安装或敷设标高	①	▼ ±0.000	① 用于室内平面、剖面图
	②	▼ ±0.000	② 用于总剖面图上的室外地面
导线规格型号或敷设方式的改变	①	$3\times16\times3\times10$	① $3\times16mm^2$ 导线改为 $3\times10mm^2$
	②	$0-\times\dfrac{\phi\left(2\frac{1}{2}\right)''}{}$	② 无穿管敷设改为穿管 $\phi\left(2\frac{1}{2}\right)''$ 敷设

2.1.3　建筑电气平面图专用标志

在电力、电气照明平面布置和线路敷设等建筑电气平面图上，往往画有

一些专用的标志,以提示建筑物的位置、方向、风向、标高、高程、结构等。这些标志对电气设备安装、线路敷设有着密切关系。

1. 方位

建筑电气平面图一般按"上北下南,左西右东"表示建筑物的方位,但在许多情况下,都是用方位标记表示其朝向。方位标记如图 2 - 17 所示,其箭头方向表示正北方向(N)。

2. 风向频率标记

它是根据这一地区多年统计出的各方向刮风次数的平均百分值,并按一定比例绘制而成的,如图 2 - 18 所示。它像一朵玫瑰花,故又称风向玫瑰图,其中实线表示全年的风向频率,虚线表示夏季(6 ~ 8 月)的风向频率。由图可见,该地区常年以西北风为主,夏季以西北风和东南风为主。

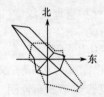

图 2 - 17　方位标记　　　　图 2 - 18　风向频率标记

3. 建筑物定位轴线

定位轴线一般都是根据载重墙、柱、梁等主要载重构件的位置所画的轴线。定位轴线编号的方法是:水平方向,从左到右,用数字编号;垂直方向,由下而上用字母(易造成混淆的 I、O、Z 不用)编号,数字和字母分别用点划线引出。如图 2 - 19 所示,其轴线分别为 A、B、C、D 和 1、2、3、4。

有了这个定位轴线,就可确定图上所画的设备位置,计算出电气管线长度,便于下料和施工。

2.1.4　识图的基本方法

识图(或称读图),就是要认识并确定电路图上所画设备的名称、型号和规格,设备(或电器元件)各个组成如何连接,设备之间如何连接,电路元器件技术要求和工作原理,以便正确地对电路进行安装、配线、维修和检查等。

读图的程序一般按设计说明、电气总平面图、电气系统图、电气设备平面图、控制原理图、二次接线图和电缆清册、大样图、设备材料表和图例并进

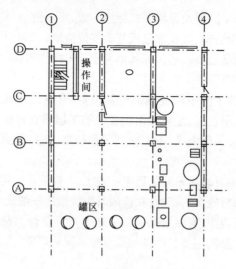

图 2 – 19　定位轴线标注方法示例

的程序进行。

识读电气工程图时,一般可分 3 个步骤。

1. 粗读

粗读就是将施工图从头到尾大概浏览一遍,主要了解工程的概况,做到心中有数。粗读应掌握工程所包含的项目内容(变配电、动力、照明、架空线路或电缆、电动起重机械、电梯、通信、广播、电缆电视、火灾报警、保安防盗、微机监控、自动化仪表等项目)、电压等级、变压器容量及台数、大电机容量和电压及启动方式、系统工艺要求、输电距离、厂区负荷及单元分布、弱电设施及系统要求、主要设备材料元件的规格型号、联锁或调节功能、厂区平面布置、防爆防火及特殊环境的要求及措施、负荷级别、有无自备发电机组及 UPS 及其规格型号容量、土建工程要求及其他专业要求等。粗读除浏览外,主要是阅读电气总平面图、电气系统图、设备材料表和设计说明。

2. 细读

细读就是按照读图程序和读图要点(每项应注意并掌握的内容)仔细阅读每一张施工图,达到读图要点的要求,并对以下内容做到了如指掌:

(1)每台设备和元件安装位置及要求。

(2)每条管线缆走向、布置及敷设要求。

(3)所有线缆连接部位及接线要求。

(4)所有控制、调节、信号、报警工作原理及参数。

（5）系统图、平面图及关联图样标注一致，无差错。

（6）系统层次清楚、关联部位或复杂部位清楚。

（7）土建、设备、采暖、通风等其他专业分工协作明确。

3. 精读

精读就是将施工图中的关键部位及设备、贵重设备及元件、电力变压器、大型电机及机房设施、复杂控制装置的施工图重新仔细阅读，系统掌握中心作业内容和施工图要求，不但做到了如指掌，还应做到胸有成竹、滴水不漏。

对于一般小型且较简单或项目单一的工程，在读图时可直接进行精读，而对大、中型且项目较多的工程，在读图时应按粗读—细读—精读的步骤进行。当然，读图过程中，有时对某一部分还要进行复读或翻来覆去的阅读，除了正确理解图样外，主要目的是加强对施工图的印象。

2.2 设计规定

2.2.1 施工图纸说明书及设计图纸的规定

1. 施工图纸说明书

每一单位工程，子项较多，属于统一性质问题，均应统一编制总说明，排列在图纸册的首页。说明内容应按下列顺序：

（1）动力、照明部分：

① 工程范围。

② 供电电源及进线安装方式。

③ 配电线路敷设方式，采用导线规格。

④ 采用配电控制元件型号规格，操作方式。

⑤ 配电箱、板安装方式，安装距地高度，加工要求注意事项。

⑥ 说明主要房间，重点场所设计照度，采用灯具形式，安装方式。

⑦ 采用开关类型，安装高度。

⑧ 防雷保护装置，说明保护范围，材料选择，接地电阻要求和措施。

（2）变电站部分：

① 供电性质、确定负荷等级的依据，按使用和工艺设计要求，分别论述选用供电设备特点，工作班制。

② 供电方式，供电电源情况，正常与备用电源网络情况。

③ 要说明全厂负荷分配情况。

④ 用高、低压开关柜、屏的依据。

⑤ 功率因数补偿装置。

⑥ 电气设备保护装置及接地、接零措施和要求。

（3）电气外线：

① 线路总长度,采用杆型架空线路导线型号及最大与最小挡距或电缆型号规格,埋设深度等。

② 越障碍物部位及相应措施等。

③ 低压线路共杆架设要求,重复接地部位,接地装置要求等。

④ 电缆敷设方法及部位标桩设置情况。

2. 设计图纸的规定

（1）供电总平面图：

① 标出建筑名称及电力、照明容量,定出架空线的导线、走向、杆位、路灯、接地等,电缆线路表示敷设方法。

② 变、配电站位置编号和容量。

（2）高、低压供电系统图,需确定主要设备以满足订货要求。

（3）变、配电站平面图：

① 变、配电站高、低压开关柜、变压器、控制盘等设备平、剖面排列布置。

② 母线布置、主要电气设备材料表。

（4）电力平面及系统图：

① 配电干线、滑触线、接地干线平面布置,导线型号规格,敷设方式。

② 配电箱、启动器、开关等位置,引至用电设备的支线用箭头示意。

③ 系统图应注明设备编号、容量、型号规格及用户名称。

（5）照明平面及系统图：

① 照明干线、配电箱、灯具、开关平面布置,并注明房间名称和照度。

② 由配电箱引至各个灯具和开关的支线,仅画标准房间,多层建筑仅画标准层。

（6）自动控制图：自动控制和自动调节方框图或原理图,控制室平面图。

① 控制环节的组成,精度要求,电源选择等。

② 控制设备和仪表的型号规格。

（7）主要设备、材料表,统计出整个工程的一、二类机电产品和非标设备的数量及主要材料。

2.2.2 施工图总表

1. 供电总平面图

（1）标出建筑子项名称（或编号）、层数（或标高）、等高线和用户的设备容量等。

（2）需有变、配电站位置、线路走向、电杆、路灯、拉线、重复接地和避雷器、室外电缆沟等；并标出回路编号、电缆、导线截面、根数、路灯型号和容量。

（3）绘制杆型选择表。

（4）说明：

① 电源电压、进线方向，线路结构，敷设方式。

② 杆型的选择，杆型种类、高低压线路是否共杆、电杆距路边的距离、杆顶装置引用标准图的索引号。

③ 架空线路的敷设、导线型号规格、挡数、进户线的架设和保护。

④ 路灯的控制、路灯方位和照向、路灯型号规格和容量、路灯保护。

⑤ 重复接地装量的电阻值、形式、材料和埋置方法。

⑥ 设备、材料表。

2. 变、配电站

（1）高、低压供电系统图：

① 主接线图，这是最重要的一张图纸，是所有其他图纸的依据。主接线图除了要表明各种电气设备的相互联系以外，还应表明设备的规范、防侵入电波及感应雷的措施、中性点接地方式、电压互感器及电流互感器的配置等。需画成单线图，在其右侧（按看图方向）近旁，标明继电保护、电工仪表、电压等级、母线设备元件的型号规格。

② 系统标注应从上向下依次为：开关柜编号、开关柜型号、回路编号、设备名称、容量、需用系数、计算电流、导线型号及规格，二次接线方案编号等。

（2）变、配电站平面、剖面图。总平面布置接线图上应清晰表明各种电气设备的相互距离，其中包括纵向尺寸和横向尺寸两种。纵向尺寸反映从围墙起经各种设备、道路、变压器、室内配电装置、出线构架，直到另一围墙为止的距离。横向尺寸表示各并列间隔内部以及间隔和间隔之间的距离等。

① 按比例画出变压器、开关柜、控制屏、电容器柜、母线、穿墙套管、支架等平面布置、安装尺寸。

② 进出线的敷设、安装方法,标出进出线编号、方向位置、线路型号规格。

③ 变电站选用标准图时,应注明选用标准图编号和页次,不需绘制剖面图。

④ 继电保护二次接线图和平面布置图。

⑤ 绘制高、低压系统继电保护二次接线展开图、平面布置图、接线图和外部接线图。

(3)断面图。根据主接线和总平面布置方式的不同,应有相应的断面图,一般包括出线间隔、进线(变压器回路)间隔、母联间隔、分段间隔、电压互感器及避雷器间隔、所用电间隔等。

(4)变、配电站照明和接地平面图。

3. 电力平面图

(1)平面图:

① 画出建筑物门窗、轴线、主要尺寸、工艺设备编号及容量、进出线位置。

② 配电箱、开关、启动器、线路及接地平面布置;注明编号、配电箱总容量、型号规格、保护管径、安装高度和敷设方法;两种以上电源的配电箱应冠以文字符号区别。

③ 绘制电力系统图时,必须在平面图上注明自动开关规格、整定电流范围或开关型号、熔管规格、熔丝电流。

④ 引见标准安装图编号、页次、施工说明。

(2)说明:

① 电源电压、引入方式。

② 导线选型和敷设方式。

③ 设备安装高度。

④ 接地或接零。

⑤ 设备、材料表。

(3)电力系统图:用单线绘制、标出配电箱、开关、熔断器、导线型号规格,保护管径和敷设方法,用电设备名称等。

(4)自控、联锁及信号装量等原理图:包括控制安装图和非标准件制作图、设备材料明细表。

（5）安装图：包括设备安装图和非标准件制作图、设备材料明细表。

4. 电气照明

（1）照明平面图：

① 配电箱、灯具、开关、插座、线路等平面布置。

② 线路走向，引入线规格，有功计算容量，电能计量方法。

③ 复杂工程的照明，需画局部平、剖面图；多层建筑可给出建筑标准层照明平面图。

④ 说明。

⑤ 设备材料表。

（2）照明系统全图：

① 照明系统图。内容和难度同电力系统图。

② 照明控制图。包括照明控制原理图和特殊照明装置图。

③ 照明安装图。照明器及线路安装图。

5. 建筑物防雷接地平面图

（1）小型建筑物绘制视平面图，复杂形状的大型建筑物应绘立面图，注出标高和主要尺寸。

（2）避雷针、避雷带、接地线和接地极平面布置图、材料规格、相对位置尺寸。

（3）引见标准图编号、页次。

（4）防雷接地平面图。

① 建筑物和构筑物防雷等级和采取的防雷措施。

② 接地装置的电阻值、形式、材料和埋置方法。

③ 设备、材料表。

6. 弱电设计图

（1）广播、电视、火警、信号、电钟等设计：

① 各站站内设备平面布置图。

② 各站弱电设备系统图及设备间线路连接图。

③ 各设备出线端子外部接线图。

④ 大型广播、扩声、电视转播等设备系统图。

⑤ 广播、扩声、译音系统的输出控制台（盘）、电气原理图、控制方式图、安装大样图。

⑥ 扩声、译音等系统输出线路系统图。

⑦ 各建筑物内弱电设备安装大样图、设备平面布置图、布线图等。

⑧ 各种弱电设备交、直流供电系统图。

⑨ 工作接地、防雷保护接地平面图和安装大样图等。

⑩ 其他非标设备电气原理图、控制方式图、安装大样图。

（2）设备、材料表：按整个基础上汇总列出设备、材料表。

7. 图纸的排列

（1）照明及动力工程：

① 总说明。

② 平面和剖面图。

③ 系统图。

④ 防雷保护及接地装置。

⑤ 大样图、构件图。

（2）变电站：

① 设计说明。

② 平面、剖面图。

③ 高、低压接线系统。

④ 二次接线。

⑤ 接地装置。

⑥ 大样图、构件图。

以上图纸的编号，一律按顺序号编写。

2.3　工业建筑电气图

2.3.1　配电所安装图示例

1. 电气系统图

1）6kV 配电系统图（图 2 - 20）

通过这种图可以了解到该 6kV 系统采用两条进线,分别引至 I、II 母线,母线规格为 TMY - 3(2×100×10),各开关柜型号均采用 KYN25 - 12 型,断路器及操动机构型号为 VEP12T 31.5kA。采用综合保护器进行保护,型号 REX521,每条线路设置三组电流互感器,型号为 LZZBJ9 - 10 0.5 级 150/5 10P。每条线路设置一台避雷器,型号为 TBP - B - 7.6 - J。每条线路设置一台电压互感器,型号 JDZJ - 6。每柜设置一台接地开关,型号 JN2 - 10。零序电流互感器与综合保护器配套,开关状态显示器型号为 ED96,等等。

图 2－20　变配电所 6kV 配电系统图

序号	一次系统	型号/名称	6.3kV（综合楼变电所动力变压器）	6.3kV Ⅰ段	6.3kV Ⅱ段
	母线型号及规格		TMY-3(2×100×10)	TMY-3(2×100×10)	TMY-3(2×100×10)
1	平面图上开关柜或间隔编号		AH27	AH33	AH
2	开关柜型号及方案编号KYN25-12				
3	二次接线图号				
4	开关柜用途或用电设备名称		综合楼变电所动力变压器	Ⅰ段电容器补偿柜	Ⅱ段电容器补偿柜
5	开关柜电气设备名称	型号	规格／数量	规格／数量	规格／数量
6	断路器及操动机构	VEP12T 31.5kA	1250A　1	1250A　1	1250A　1
7	隔离开关及操动机构				
8	综合保护器	REX521	1	REX521　1	REX521　1
9	电流互感器	LZZBJ9-10 0.5级	150/5 10p　3	150/5 10p　3	150/5 10p　3
10	高压熔断器				
11	避雷器及压敏电阻	TBP	TBP-B-7.6-J　1	TBP-B-7.6-J　1	TBP-B-7.6-J　1
12	电压互感器	JDZJ-6			
13	接地开关	JN2-10	1	1	1
14	零序电流互感器	与综合保护器配套	1	1	1
15	开关状态显示器	ED96	1	1	1
16	防雷瞬态器				
17	二次接线图中继电器及表计规格	连接设备	CG2000E	CG2000E	CG2000E
18		容量	1600kV·A	1000kV·A	1600kV·A
19	馈电线型号及规格		TM1(综合楼)	ACP1	ACP2
20	馈电线路编号				
21	备注				

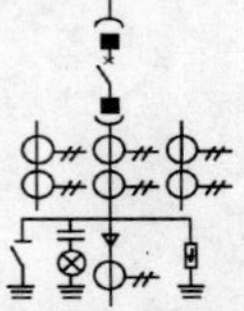

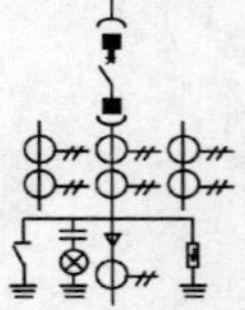

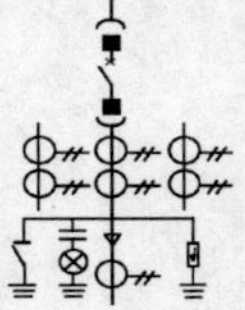

70

2）低压配电系统图（图2－21）

通过这种图可以了解到低压系统电源由6.3kV应急段经TM3变压器（型号S10－Ma－250/10 D,yn11）变压后,由断路器（型号ATNS－400H/TMD400B 4P）引至低压母线,低压回路通过备自投ATS与来自另一电源AA7－5回路互为备用。每个回路的断路器型号都在图中给出,还给出了对应的回路编号,再查控制回路图,就知道该回路的控制方法。AHJ3－1、AHJ3－2、AHJ3－3为循环水插接装置CZ1、CZ2、CZ3,容量为30kW, AHJ3－4、AHJ3－5为循环水消防稳压泵,采用变频器（型号LC1－D80. c）,3个电流互感器型号为LMZJ1－0.5－100/1,零母线规格为TMY－50×5,控制母线规格为TMY－50×5,等等。

2. 配电屏排列组合图（图2－22）

通过这种图可以了解到各配电屏在变配电室的安装位置,每个配电屏中的具体回路名称、容量、外形尺寸。

3. 照明系统图（图2－23）

通过这种图可以了解到照明系统引入线位置、总电源开关编号及型号、支路开关型号、各支路的额定容量、各回路编号、用电相别、支路导线型号、芯数、截面及配管管径、支路容量、负载（灯数、插座、通风器、空调插座）数量等。

4. 变配电所平、剖面图（图2－24）

通过这种图可以了解到该变配电所安装的主要设备名称、规格型号、安装位置、线路连接方式等。

5. 电缆桥架布置图（图2－25、图2－26）

通过这种图可以了解该变配电所一层桥架的布置方法、所用材料。剖面图则给出了局部位置的安装方法。

6. 配电平面图（图2－27、图2－28）

通过这种图可以了解到低压电源经过封闭式母线输送到各配电屏（图2－27）,再由各配电屏分配到每个用电设备,槽板内电缆编号在方格表内给出（图中未具体标出）,还可以了解到各配电屏电缆的走向（图2－28）。

7. 照明平面图（图2－29）

通过这种图可以了解到各个部位灯具型号、数量、安装方法及控制回路编号,插座的数量、安装位置及方法等。应该注意的是在同一区域、相同型号、相同安装方法的灯具的标注方法。

图 2－21 变配电所低压配电系统图

引自 AA7.5 回路

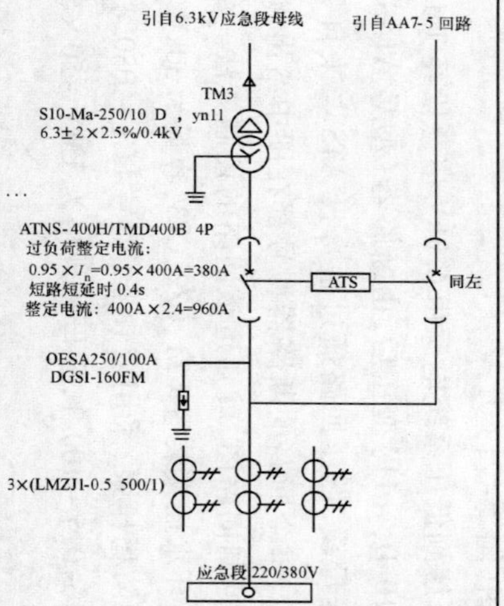

引自 6.3kV 应急段母线

同左

ATS

TM3

S10-Ma-250/10 D , yn11
6.3±2×2.5%/0.4kV

ATNS-400H/TMD400B 4P
过负荷整定电流:
0.95×I_n=0.95×400A=380A
短路短延时 0.4s
整定电流: 400A×2.4=960A

OESA250/100A
DGSI-160FM

3×(LMZJ1-0.5 500/1)

应急段 220/380V

注: 插接装置Q填电间路剩余电流扣器的整定电流为 30mA。

屏号型号	AAJ3/MNS				
母线 WXT	应急段 TMY-3(50×5)				
分主开关					
多功能指示仪表					
浪涌保护器					
电容器 VEP12T 31.5kA					
配 熔断器					
断路器	NS-160N/TM63 4P 63/630	NS-160N/TM63 4P 63/630	NS-160N/TM63 4P 63/630	NS-160N/TM125 4P 125/1250	NS-160N/TM125 4P 125/1250
电 变频器			LC1-D80;c	LC1-D80;c	LC1-D80;c
接触器			LUTM	LUTM	LUTM
热继电器			3(LMZJ1-0.5-100/1)	3(LMZJ1-0.5-100/1)	3(LMZJ1-0.5-100/1)
屏 智能监控器					
零序电流互感器					
零序母线 WXT	TMY-50×5				
保护母线 WXT	TMY-40×4				
回路号/主电路方案号	AAJ3-1	AAJ3-2	AAJ3-3	AAJ3-4	AAJ3-5
原理图号					
去启动设备的装置编号					
启动 设备 型号					
或 保护元件					
去用电设备的构别编号					
控制线路编号					
控制装置					
计量表计					
用电 位号或编号	CZ1	CZ2	CZ3	P441-9	P441-10
设备 型号					
或 设备容量/kW	30	30	30	30	30
供电 需要容量/kW					
回路 名称	循环水插接装置	循环水插接装置	循环水插接装置	循环水消防稳压泵	
备 注					

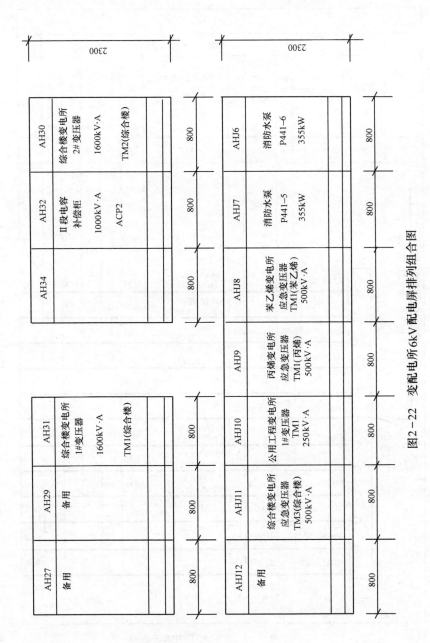

图2－22 变配电所6kV配电屏排列组合图

引入线	编号及型号	开关型号	整定值/A	回路编号	相别	导线型号、芯数、截面(mm²)及管径(mm)	容量/kW	灯数/个	插座/个	通风器/个	空调插座/个	备注
						照 明 系 统 图						
1	2	3	4	5	6	7	8	9	10	11	12	13
		65N-C10A/1P	10	311AL-1	L1	NH-BV-0.45/0.75-2.5 DN20	1.086	22				
		65N-C10A/1P	10	311AL-2	L1	NH-BV-0.45/0.75-2.5 DN20	0.441	14				
		65N-C10A/1P	10	311AL-3	L1	NH-BV-0.45/0.75-2.5 DN20	0.04	1				
		vigi-C65N ELE	16	311AL-4	L2	NH-BV-0.45/0.75-2.5 DN20	1.0	10				
		65N-C10A/1P	10	311AL-5	L2	NH-BV-0.45/0.75-2.5 DN20	0.864	12				
		65N-C10A/1P	10	311AL-6	L3	NH-BV-0.45/0.75-2.5 DN20	1.032	13				
		65N-C10A/1P	10	311AL-7	L1	NH-BV-0.45/0.75-2.5 DN20	0.546	17				
		65N-C10A/1P	10	311AL-8	L3	NH-BV-0.45/0.75-2.5 DN20	1.086	22				
		65N-C10A/1P	10	311AL-9	L2	NH-BV-0.45/0.75-2.5 DN20	0.12	3				
		65N-C10A/1P	10	311AL-10	L1							备用
		vigi-C65N ELE	16	311AL-11	L3							备用
		65N-C10A/1P	10	311AL-12	L2							备用

引入线栏：电源引自低压配电室照明屏 DN32 YJV-0.6/1-5×6mm²

编号及型号栏：311AL INT1004P32 P_e=6.35kW P_{js}=5.08kW I_{js}=8.58A XSA2-24

注：插座以100W/个计

图2-23 变配电所照明系统图

74

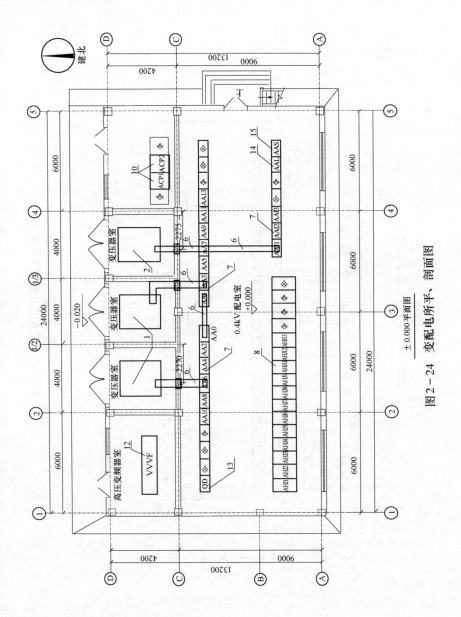

图 2-24 变配电所平、剖面图

75

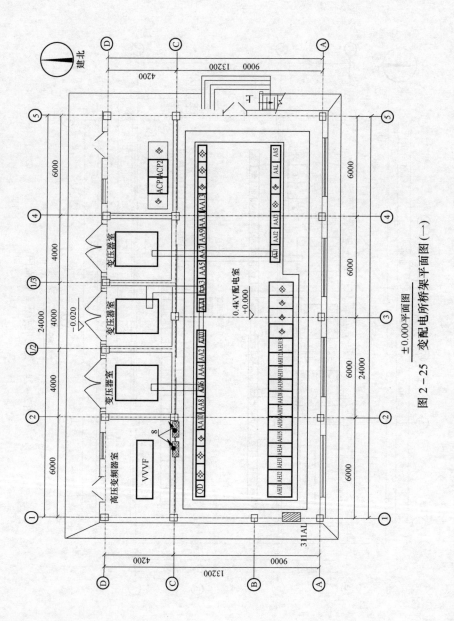

± 0.000平面图

图 2-25 变配电所桥架平面图（一）

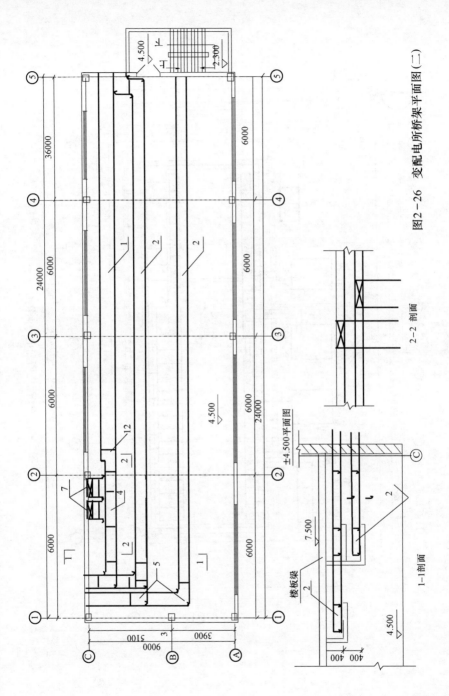

图2-26 变配电所桥架平面图(二)

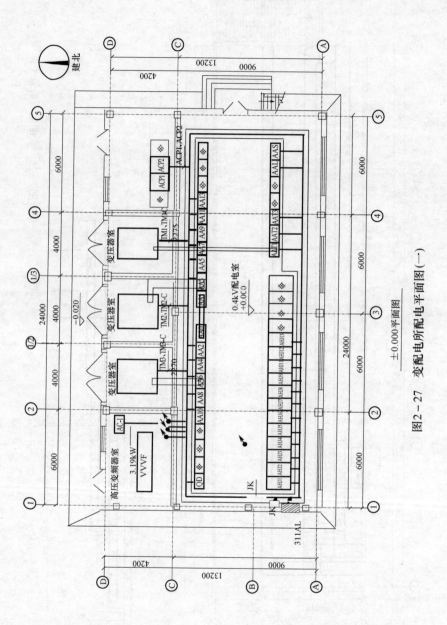

图2-27 变配电所配电平面图(一)

±0.000平面图

78

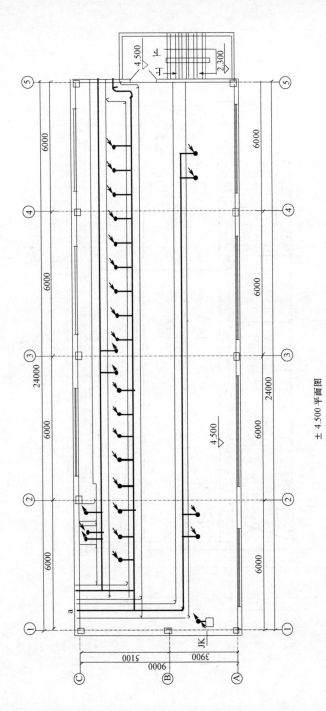

±4.500 平面图

图2－28 变配电所配电平面图（二）

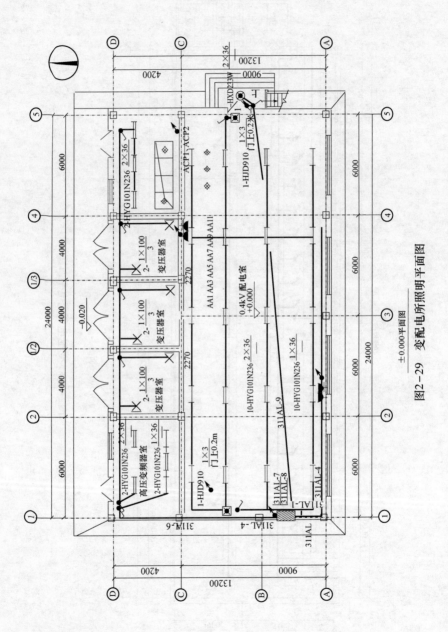

图2-29 变配电所照明平面图

±0.000平面图

80

8. 接地平面图(图 2 – 30)

通过这种图可以了解到整个建筑需要接地的设备、安装方法,还可以了解一些部件的制作方法,例如图中断接卡做法等。

9. 土建条件图(图 2 – 31、图 2 – 32)

通过这种图可以了解到该电气施工应具备的各种条件,在土建施工时配合预留具体位置,制作方法等。

10. 弱电系统图(图 2 – 33)

通过这种图可以了解到消防火灾报警控制系统检测设备的按照位置、系统组成。还有广播电视、调度电话系统的安装位置、系统组成,每个系统的布线方法等。

2.3.2 装置区电气安装图示例

1. 配电平面图(图 2 – 34)

通过该图可以知道:这层厂房安装风机 EA – 1 ~ 7 共 7 台,每台容量为 0.25kW;检修电源插座 CZ1 一个,容量为 30kW;防爆照明开关箱 4 个;安装电动机 34 台,容量标于型号下面。图中还给出了向上层配线的各回路位置和装置名称。从剖面图中可以看出通过槽板引入本装置的电缆共有 4 路槽板,动力电缆和控制电缆分开敷设,还给出了每槽板中电缆的名称(图中未给出)。

2. 照明及插座平面图(图 2 – 35)

这层厂房照明分为防爆和非防爆两种,分别由防爆照明控制箱 AL2、AL4 和普通照明控制箱供电。图中给出了各处安装灯具的种类和数量和安装方法。通用的问题在说明中予以说明。

3. 桥架布置图(图 2 – 36)

这层厂房共敷设槽架两路,每一路又有两个分支。对于通过防爆区和非防爆区封堵的做法,在示意图中给出。图中还给出了所需材料的种类、数量(本图略),以及向上一层敷设分支的位置。

4. 接地平面(图 2 – 37)

这是一个复合接地系统,整层厂房都采用保护接地系统,在防爆区域还采用防静电重复接地系统,每种接地线的安装方法和接地线型号都在说明中给出。

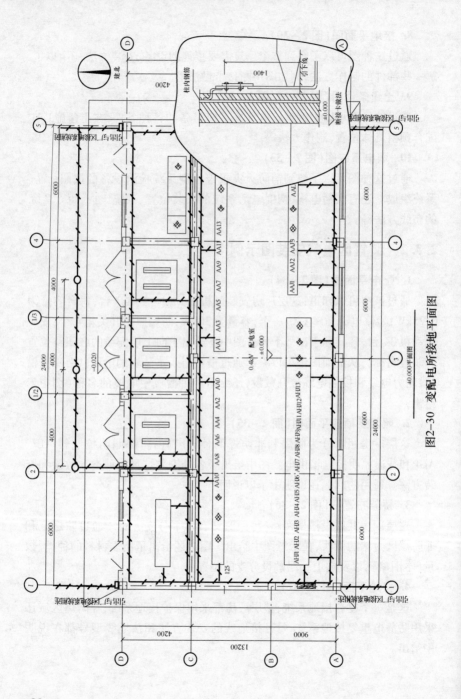

图2-30 变配电所接地平面图

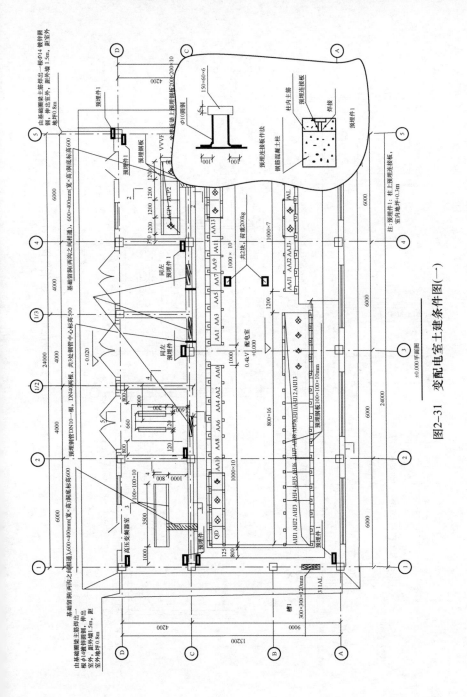

图2-31 变配电室土建条件图(一)

83

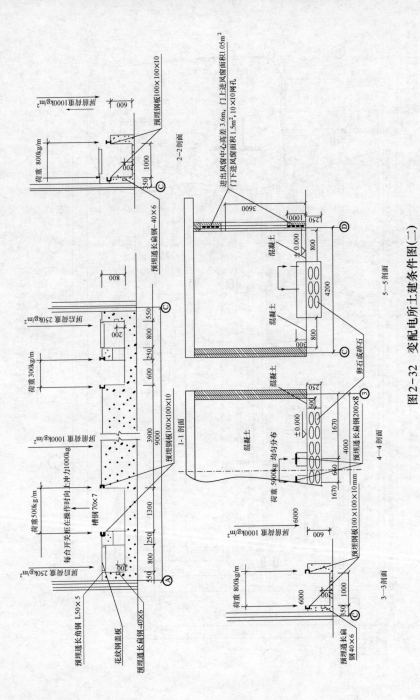

图2-32 变配电所土建条件图(二)

84

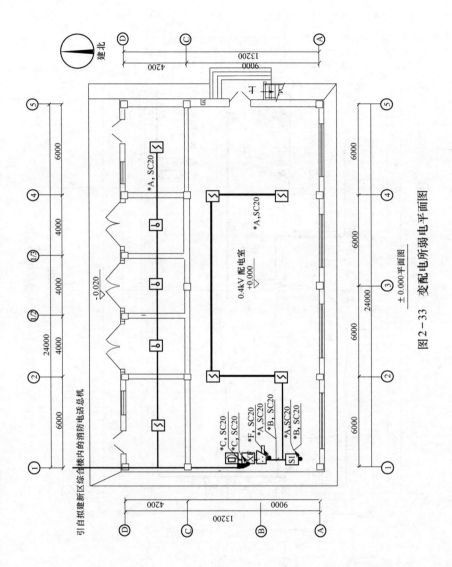

图 2 - 33　变配电所弱电平面图

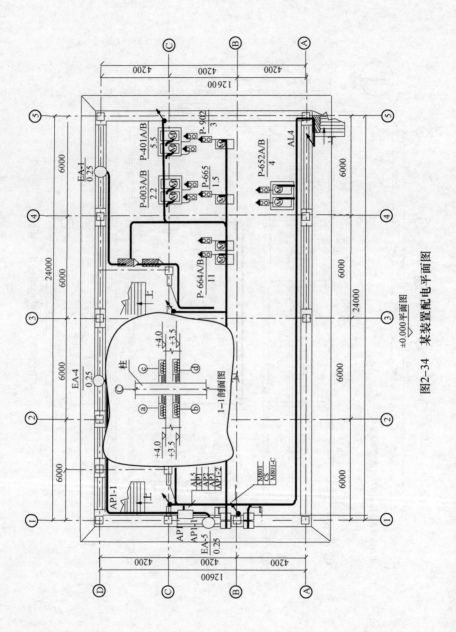

图2-34 某装置配电平面图

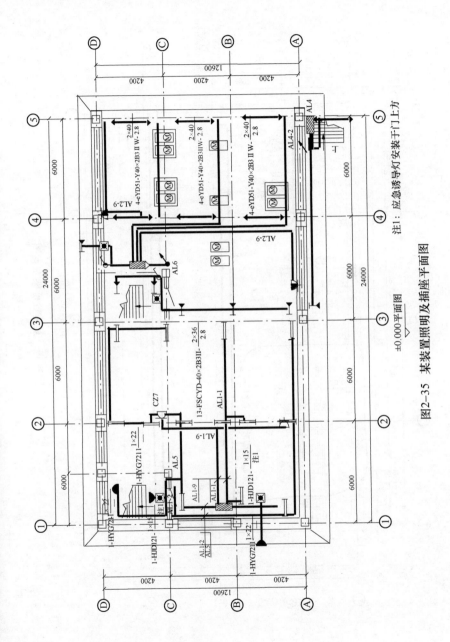

图2-35 某装置照明及插座平面图

±0.000平面图

注1：应急诱导灯灯安装于门上方

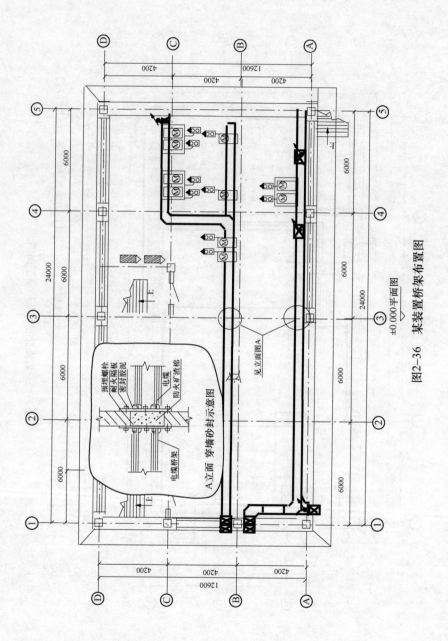

±0.000平面图

▽ 某装置桥架布置图

图2-36

A立面 穿墙砂封示意图

预埋螺栓
耐火隔板
密封胶泥
防火矿渣棉
电缆
电缆桥架

见立面图A

88

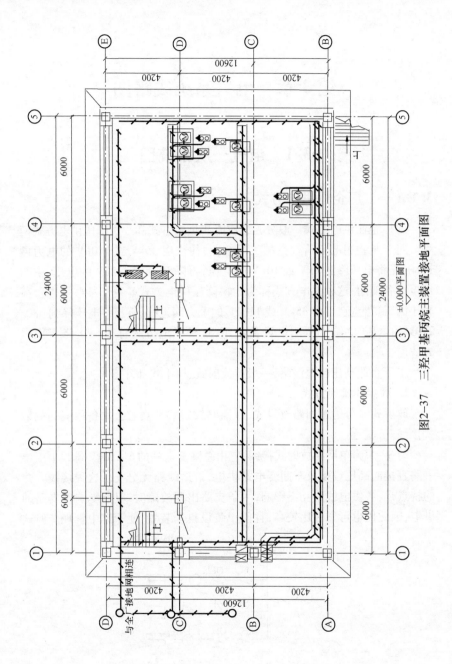

图2-37 三羟甲基丙烷主装置接地平面图

89

第3章　电气系统线路图

3.1　电气一次系统图

3.1.1　工厂企业供电方式

工厂企业供电方式一般分为二次降压供电方式和一次降压供电方式两种。对于某些用电负荷较大的工厂企业,往往由 35kV 或 110kV 的电力网进线,先将电压降到 6kV 或 10kV 的电压,再降至 380V/220V 的电压,供给用电设备使用,这种供电方式称为二次降压供电方式。对于某些用电负荷较小的工厂企业,可由 35kV 或 110kV 的电力网进线,直接将电压降到 380/220V 的电压,供给低压用电设备使用,这种供电方式称为一次降压供电方式。

工厂企业高压配电网络,一般有放射式、树干式和环形 3 种。

1. 放射式接线方式

放射式又分为单回路放射式、双回路放射式和具有公共备用线的放射式接线。

图 3－1 为单回路放射式接线,它由总降变电站的 6～10kV 母线上引出一路直接向高压设备及车间变电站供电,沿途线路无分支。这种接线方式的特点是:各供电线路互不影响,一条支路出现故障时,只能影响本支路的供电,因此供电可靠性比较高,且便于装设自动装置,便于集中管理。但这

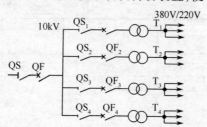

图 3－1　单回路放射式接线

种接线方式所用开关设备较多,一次性投资较大。当任一线路或高压网络发生故障或检修时,都将造成这条线路停电,供电可靠性不高,一般用于Ⅲ类负荷。

图 3-2、图 3-3 为双回路放射式接线,这种供电方式当一条回路发生故障或检修时,另一条回路可以继续供电,显然这种接线所需的高压设备多,投资更大,一般用于Ⅱ类负荷。

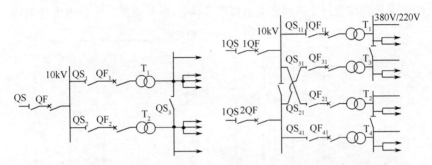

图 3-2　双回路放射式接线　　图 3-3　双电源双回路放射式接线

图 3-4 为具有公共备用线放射式接线,10kV 母线采用分段式,公共备用线由另一电源供电,正常运行时处于带电状态。当任一线路发生故障或检修时,只要经过短时间操作即可由公共备用线路对原有线路所供给的设备进行供电,从而提高了供电的可靠性,一般用于Ⅱ类负荷。

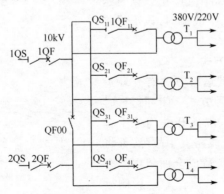

图 3-4　具有公共备用线放射式接线

2. 树干式接线方式
树干式接线方式又分为直接连接树干式和链串型树干式两种。

图 3-5 为直接连接树干接线,它由一条高压配电干线直接向车间变电站,杆上变压器或高压用电设备供电(分支数目一般不超过 5 个)。这种接线方式的优点是高压配电设备数目少,总降变电站出线少,设备简单总投资减少。缺点是供电可靠性差,主要用于Ⅲ类负荷。

为了提高供电可靠性,发挥树干式接线的优点,可采用图 3-6 的链串型接线。这种接线就是干线引入车间变电站高压母线上,然后从此车间变电站高压母线至另一车间变电站高压母线上,以此类推。干线进出两侧均

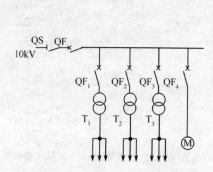

图 3-5　直接连接树干式接线

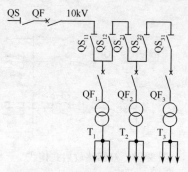

图 3-6　链串型树干式接线

安装隔离开关。当干线末端出现故障时,干线断路器 QF 跳闸,拉开隔离开关 QS_{22},则车间变电站 T_1、T_2 可以恢复送电,但是当 QS_{11} 发生故障时,该干线将全部停电。

3. 环形接电方式

如图 3-7,其运行方式有开环运行和闭环运行两种方式。闭环运行时线路中的断路器、隔离开关均处于合位,线路中的任一线路发生故障,都将使 1QF、2QF 跳闸,造成全面停电。开环运行时 QS_{32} 断开,假使 QS_{12} 后侧故障,1QF 跳闸,这时拉开 QS_{12}、QS_{21},合上 QS_{32},再重新送电,用 2QF 带 T_2,使所有变电站都恢复。所以环状式接线更具有灵活性,供电可靠性更高。

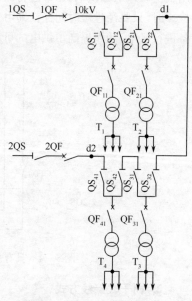

图 3-7　环状式接线

3.1.2 变配电所系统图识读

1. 配电所系统图识读

配电所的功能是接收电能和分配电能,所以其主接线比较简单,只有电源进线、母线和出线三大部分。

图 3-8 所示为某中型工厂的高压配电所系统图。电源采用双进线电缆引入,母线采用双母线分段式,在每段上都装有电压互感器,可进行电压测量和绝缘监视。两段之间互为备用,每段两列之间也互为备用,提高了供电可靠性,适用于 I 级负荷。

2. 高压变电所系统图

变电所的功能是变换电压和分配电能,由电源进线、电力变压器、母线和出线四大部分组成。与配电所相比,它多了一个变换电压等级。

1) 一台变压器的高压变电所系统图

一台变压器的高压变电所系统图如图 3-9 所示。它采用单进线,在进线端装有避雷器和电压互感器,避雷器用于防止雷击伤害,电压互感器用于电压测量和继电保护使用。变压器二次侧输出端通过隔离开关和断路器接入两段单母线,再通过各开关设备分配给各干线。

2) 双进线外桥式高压变电所系统图

外桥式高压变电所主电路图如图 3-10 所示。在双进线之间跨接了一个负荷开关 3300,犹如一座桥梁,而且处在负荷开关 3301 和 3302 的外侧,即远离变压器的一侧,但它接在进线,因此称它为外桥式主结线。这种主结线的运行灵活也较好,供电可靠性较高,因为两条进线可互为备用,I 主变和 II 主变可互为备用。分段单母线可分别用于各台变压器的供电,因此供电可靠性较高,它适用于 I、II 级负荷的场合。外桥式结线适用于电源线路较短而变电所负荷变化较大,为了经济运行需经常切换变压器的高压变电所,特别适用于一次电源电网采用环形结线方式的变电所。

3) 双进线内桥式高压变电所系统图

双进线内桥式高压变电所主电路图如图 3-11 所示。在双进线之间跨接了一个负荷开关 3200,犹如一座桥梁,而且处在进线的负荷开关 3212 和 3222 的内侧,即靠近变压器的一侧,因此称为内桥式主结线。这种主结线的运行灵活性较好,即双进线可互为备用,1 主变和 2 主变可互

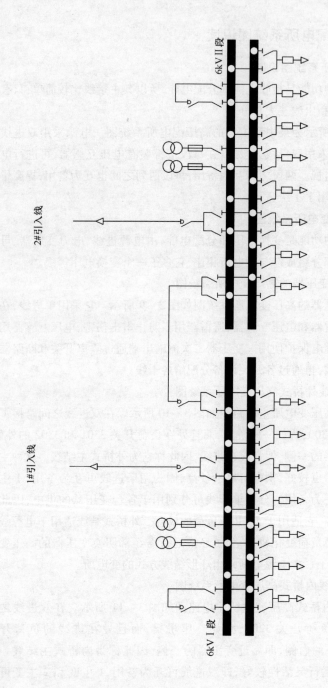

图3－8　双进线二次双母线系统图

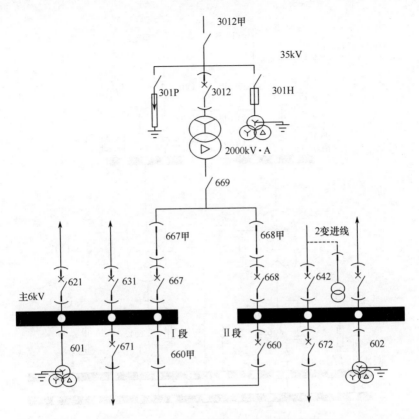

图 3 – 9　一台变压器的高压变电所系统图

为备用或并联运行,分段双母线可分别用于各台变压器的供电,因此供电可靠性较高,适用于Ⅰ、Ⅱ级负荷的场合。这种结线多用于电源线路较长而易于发生故障和停电检修机会较多,并且变电所的变压器不需经常切换的高压变电所。

4)一、二次侧均有分段单母线的高压变电所系统图

一、二次侧均有分段单母线的高压变电所系统图如图 3 – 12 所示。双进线通过高压开关柜分别接各段母线,通过断路器 124 来联络,由母线分别接入四台变压器。变压器的二次侧分别接入二次侧的分段母线上,并且变压器 RT1A 和 RT1B、RT2A 和 RT2B 互为备用。这种结线方式同样具有内、外桥结线方式运行灵活的特点,其供电可靠性较高,适用于Ⅰ、Ⅱ级负荷的场合。一般适用于一、二次侧进出线比较多的高压变电所。

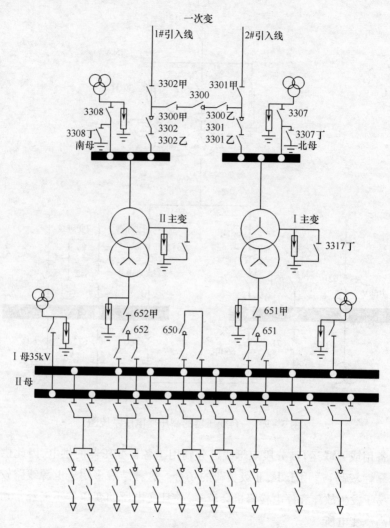

图 3 – 10　双进线外桥式变电所系统图

5）一、二次侧均有双母线的高压变电所系统图

一、二次侧均有双母线的高压变电所系统图如图 3 – 13 所示。它采用双进线、双母线、双变压器，其中双母线采用了负荷开关 3400 和 640 联络、二次两列之间也通过负荷开关联络，各自间互为备用，大大提高了供电可靠性，且运行灵活性好。但其开关设备、母线的用量大大增加，空间增加，投资增加很大，因此这种结线方式一般用于电力系统枢纽变电站。

96

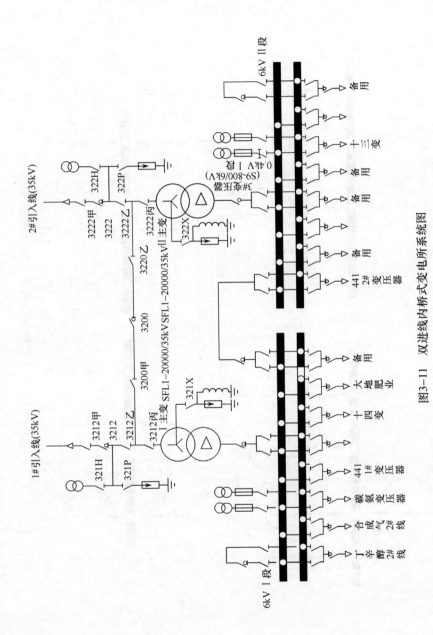

图3-11 双进线内桥式变电所系统图

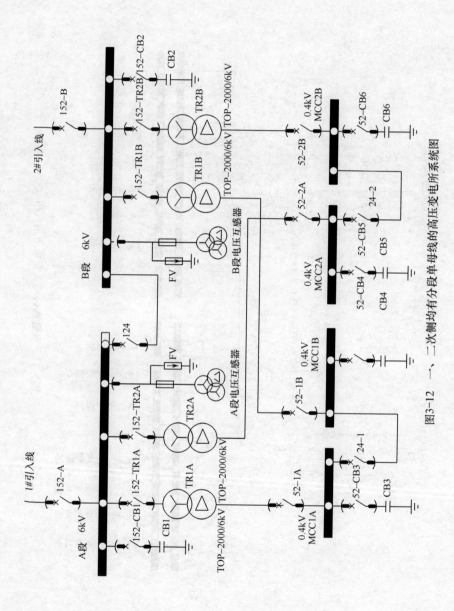

图3-12 一、二次侧均有分段单母线的高压变电所系统图

98

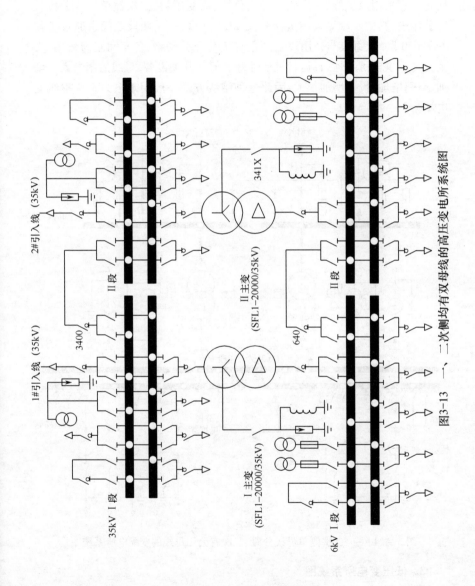

图3-13 一、二次侧均有双母线的高压变电所系统图

99

6）一、二次侧单母线分段、二次有公用母线的变配电所系统图

一、二次侧单母线分段、二次有公用母线的变配电所系统图如图 3－14 所示。它采用双进线、一次侧单母线分段、双变压器、二次侧单母线分段且有公用段，其中一次侧采用负荷开关 3020 联络，二次两段之间也通过负荷开关 620 联络、每段与公用段之间也有负荷开关联络，各自间互为备用，大大提高了供电可靠性，且运行灵活性好。但其开关设备、母线的用量大大增加，空间增加，投资增加很大，因此这种结线方式一般用于电力系统枢纽变电站。

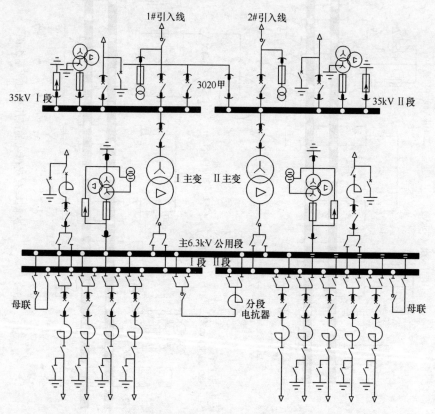

图 3－14　一、二次侧单母线分段、二次有公用母线的变配电所系统图

3. 低压变电所系统图

低压变电所是指二次侧的电压为负荷额定电压 380V/220V 的变电所，这种变电所的进线电压一般为 6～10kV，出线电压为 380V/220V。

100

1）高压侧采用负荷开关和熔断器的变电所系统图

图 3 – 15 是高压侧采用负荷开关和熔断器的变电所系统图,进线端装有负荷开关和熔断器。负荷开关可切除负荷电流,不存在带负荷合闸的危险,停、送电操作简单灵活。负荷开关与继电保护装置配合,可以切除过载电流,进行过载保护。而短路保护由熔断器来完成。但在熔断器熔断之后,更换熔件需用一定时间,会延误恢复时间,供电可靠性不高。这种接线只要进线或变压器出现故障或检修,整个变电所都停电。

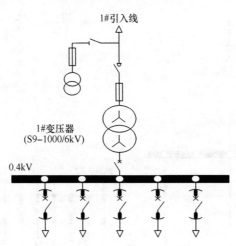

图 3 – 15　高压侧采用负荷开关和熔断器的变电所系统图

2）高压侧采用隔离开关和断路器的变电所系统图

图 3 – 16 是高压侧采用隔离开关和断路器的变电所系统图。它在进线端装有隔离开关、断路器、避雷器和电压互感器,停、送电操作比较灵活方便。它与保护装置配合,当发生过载或短路故障时,均能自动跳闸,而且一旦故障排除之后,可直接合闸,恢复时间短。但是,它只有一路进线,一旦进线、高压侧开关设备和变压器出现故障或检修,整个变电所也都停电,因此它只能适用于Ⅲ级负荷的场合。如果采用双进线(一条为工作电源线,另一条为邻近单位的联络线,如图 3 – 17 所示),那么它可适用于具有Ⅱ级负荷的场合。

3）高压侧无母线、低压侧分段母线的变电所系统图

图 3 – 18 为高压侧无母线、低压侧分段母线的变电所系统图。它采用双进线、双变压器,所以供电可靠性比较高。当任一变压器或进线发生故障

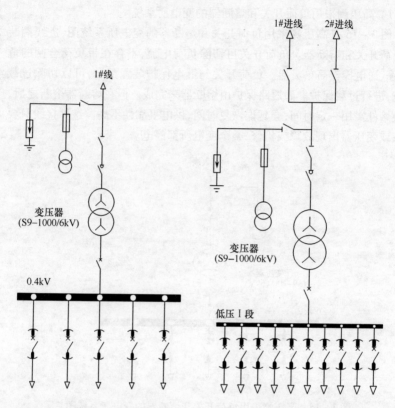

图 3 - 16 高压侧采用隔离开关 图 3 - 17 双电源高压侧采用隔离开关
和断路器的变电所系统图 和断路器的变电所系统图

或检修时,通过低压母线的分段开关闭合,可使整个变电所恢复供电。如果两台变压器的低压侧装有断路器,与备用自动投入装置配合,那么当任一开关跳闸时,另一开关就会自动合闸,大大提高了供电的有效性,它适用于Ⅰ、Ⅱ级负荷的场合。

4)高压侧单母线、低压侧单母线分段的变电所系统图

图 3 - 19 为高压侧单母线、低压侧单母线分段的变电所系统图。电源进线通过隔离开关进入高压母线,再通过开关设备分配给变压器。这种高压配电所的分配的支线少,只有两条。若在高压母线上接入一条联络线,可提高该变电所的供电可靠性,变压器二次侧通过低压负荷开关各自接入对应段母线上。

102

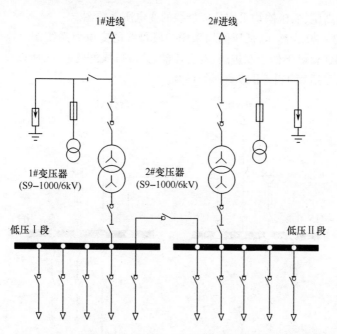

图 3-18 高压侧无母线、低压侧分段母线的变电所系统图

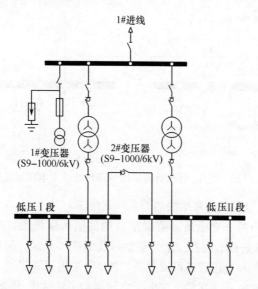

图 3-19 高压侧单母线、低压侧单母线分段的变电所系统图

5）高压、低压侧均采用分段母线的变电所系统图

图3-20为高压、低压侧均采用分段母线的变电所系统图。该变电所采用了联络线,类似于双进线、双变压器、分段母线的变电所,所以供电可靠性很高,可适用于Ⅰ、Ⅱ级负荷的场合。

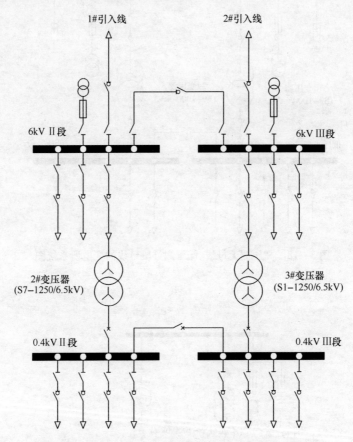

图3-20　高压、低压侧均采用分段母线的变电所系统图

6）两个变电所具有联络线的变电所系统图

图3-21为两个变电所具有联络线的变电所系统图。在这个系统中304变采用了双进线、四变压器、分段单母线的连接方式。两条进线各自带两台变压器,2#、3#变压器还可以互备。305变采用了三进线、双变压器、分段单母线的连接方式。在两个变电所之间增加了联络线,供电可靠性很高,可适用于Ⅰ级负荷的场合。

104

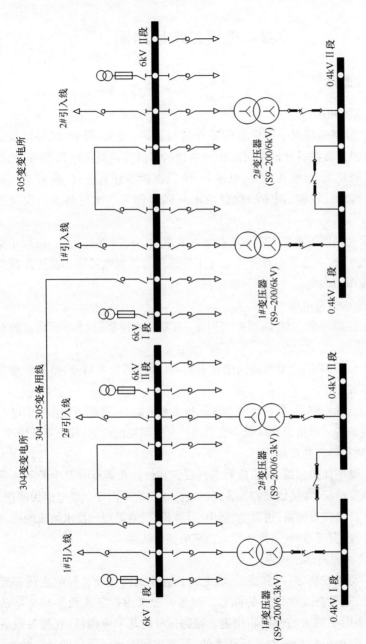

图3-21 两个变电所具有联络线的变电所系统图

305变电所

6kV Ⅱ段

2#引入线

2#变压器
(S9-200/6kV)

0.4kV Ⅱ段

1#引入线

1#变压器
(S9-200/6kV)

0.4kV Ⅰ段

6kV
Ⅰ段

6kV
Ⅱ段

304-305变备用线

304变电所

2#引入线

2#变压器
(S9-200/6.3kV)

0.4kV Ⅱ段

1#引入线

1#变压器
(S9-200/6.3kV)

6kV Ⅰ段

0.4kV Ⅰ段

3.2 电气二次回路图

3.2.1 概述

1. 基本知识

二次设备是指对一次设备的工作进行监测、控制、调节、保护以及为运行、维护人员提供允许工况或生产指挥信号所需的低压电器设备,如熔断器、控制开关、继电器、控制电缆等,由二次设备相互连接,构成对一次设备进行监测、控制、调节和保护的电气回路称为二次回路或二次接线系统。

二次回路图的主要表示方法有集中表示法、分开(展开)表示法和半集中表示法 3 种,主要类型有阐述电气工作原理的二次电路图和描述连接关系的接线图两大类。

1)二次回路组成

(1)控制回路:指断路器控制回路,主要完成控制(操作)断路器的合闸、分闸功能。

(2)信号回路:主要有线路的状态信号、断路器位置信号、事故信号和预告信号等。

(3)监视回路:如车轮电流、电压、频率及电能等,主要用于监视供电系统一次设备的运行情况和计量一次电路产生或消耗的电能,保证系统安全、可靠、优质和经济合理运行。

(4)继电保护回路:为了检测电气设备和线路在运行时发生的不正常运行或故障情况,并使线路和设备及时脱离这些故障而设立继电保护回路。

(5)自动装置回路:由强电、弱电、计算机、网络等现代技术组成的控制混合体,可以实现遥测、遥控和无人值班的整体装置。

2)二次回路标注规则

为了便于安装、运行和维护,在二次回路中的所有设备间的连线都要进行标号,这就是二次回路的标号。标号一般采用数字或数字与文字的组合,它表明了回路的性质和用途。回路标号的基本原则是:凡是各设备间要用控制电缆经端子排进行联系的,都要按回路原则进行标号。此外,某些装在屏顶上的设备与屏内设备的连接,也需要经过端子排,此时屏顶设备可看作是屏外设备,而在其连接线上同样按回路编号原则给以相应的标号。

为了明确起见,对直流回路和交流回路采用不同的标号方法,而在交、直流回路中,对各种不同的回路又赋予不同的数字符号,因此在二次回路接线图中,我们看到标号后,就能知道这一回路的性质而便于维护和检修。二次回路标号的基本方法如下:

(1)用 3 位或 3 位以下的数字组成,需要标明回路的相别或某些主要特征时,可在数字符号的前面(或后面)增注文字符号。

(2)按等电位的原则标注,即在电气回路中,连于一点上的所有导线(包括接触连接的可折线段)需标以相同的回路编号。

(3)电气设备的触点、线圈、电阻、电容等元件所间隔的线段,即视为不同的线段,一般给以不同的编号;对于在接线图中不经过端子而在屏内直接连接的回路,可不标号。

直流回路的标号原则如下:

(1)对于不同用途的直流回路,使用不同的数字范围,如控制和保护回路用 001~099 及 100~599,励磁回路用 601~699。

(2)控制和保护回路使用的数字标号,按熔断器所属的回路进行分组,每一百个数为一组,如 101~199、201~299、301~399…其中每段里面先按正极性回路(编为奇数)由小到大,再编负极性回路(偶数)由大到小 101、103、105…、141、142、140、138、…。

(3)信号回路的数字标号,按事故、位置、预告、指挥信号进行分组,按数字大小接线排列。

(4)开关设备、控制回路的数字标号组,应按开关设备的数字序号接线选取,例如有 3 个控制开关 1KK、2KK、3KK,则 1KK 对应的控制回路数字标号选 101~199,2KK 所对应的选 201~299,3KK 对应的选 301~399。

(5)正极回路的线段按奇数标号,负极回路的线段按偶数标号,每经过的主要压降元(部)件(如线圈、绕组、电阻等后,即行改变其极性,其奇偶顺序随之改变,对不能标明极性或其极性在工作中改变的线段,可任选奇数或偶数。

(6)对于某些特定的主要回路通常给予专用的标号组,例如:正电源为 101、201,负电源为 102、202;合闸回路中的绿灯回路为 105、205、305、405;跳闸回路中的红灯回路标号为 35、135、235…。

交流回路的标号原则如下：

（1）交流回路按相别顺序标号，它除用 3 位数字编号外，还加有文字标号以示区别，例如：U411、V411、W411，如表 3 - 1 所列。

表 3 - 1　交流回路的文字标号（1）

类别 ＼ 相别	L1 相	L2 相	L3 相	中性	零	开口三角形电压互感器的任一相
文字标号	U	V	W	N	L	X
脚注标号	u	v	w	n	l	x

（2）对于不同用途的交流回路，使用不同的数字组，如表 3 - 2 所列。

表 3 - 2　交流回路的文字标号（2）

回路类别	控制、保护、信号回路	电流回路	电压回路
标号范围	1 ~ 399	400 ~ 599	600 ~ 799

电流回路的数字标号，一般以十位数字为一相，如 U401 ~ U409，V401 ~ V409、W401 ~ W409…U591 ~ U599，V591 ~ V599。若不够也可以 20 位数为一组，供一套电流互感器之用。

几组相互并联的电流互感器的并联回路，应先取数字组中最小的一组数字标号。不同相的电流互感器并联时，并联回路应选任何一相电流互感器的数字组进行标号。

电压回路的标号，应以十位数字为一组，如 U601 ~ U609，V601 ~ V609，W601 ~ W609，U791 ~ U799…以供一个单独互感器回路标号之用。

（3）电流互感器和电压互感器的回路，均需在分配给它们的数字组范围内，自互感器引出端开始，按顺序编号，例如"TA"的回路标号用 411 ~ 419，"2TV"的回路标号用 621 ~ 629 等。

（4）某些特定的交流回路（如母线电流差动保护公共回路、绝缘监察电压表的公共回路等）给予专用标号组。

2. 看图方法

由于二次回路图比较复杂，也难以看懂，因此看二次回路图时，通常掌握以下要领：

（1）概略了解图的全部内容，例如图的名称、设备或元件表及其对应的符号、设计说明等，然后粗略纵观全图。重点要看主电路以及它与二次回路之间的关系,以准确地抓住该图所表达的主题。抓住了主题,在分析图中的细节时就会做到心中有数,有目标,有方向。

例如,断路器的控制回路电路图主要表达该电路是怎样使断路器进行合闸、分闸动作的,所以应抓住这个问题来分析;同样的信号回路电路图表达了发生事故或不正常运行情况时怎样发出声光报警信号;继电保护回路表达了怎样检测出故障特征的物理量及怎样进行保护等。抓住了主题,一般采用逆推法,就能分析出各回路的工作过程或原理。

(2) 电路图中各触点元件都是在没有外来激励的情况下的原始状态。例如按钮没有按下、开关未合闸、继电器线圈没有电、温度继电器在常温状态下、压力继电器在常压状态下等。在分析图时必须假设某一激励,例如按钮被按下,将会产生什么样的一个或一系列反应,并以此为依据来分析。

(3) 在电路图中,同一设备的各个元件位于不同回路的情况比较多,用分开法表示的图中往往将各个元件画在不同的回路,甚至不同的图纸上,看图时应从整体观念出发,去了解各设备的功能。例如,断路器的辅助触点状态应从主触点状态去分析,继电器触点的状态应从继电器线圈带电状态或其他感受元件的工作状态去分析。

(4) 任何一个复杂的电路都是由若干基本电路、基本环节构成的,看复杂电路图时一般要化整为零,把它分成若干个基本电路或部分,然后先看主电路,后看二次回路,由易到难,层层深入,分别将各部分、各个回路看懂,最后将其贯穿,电路的工作原理或过程就历历在目了。

(5) 集中式二次电路图、分开式二次电路图、半集中式二次电路图以及二次接线图等,是从不同的角度和侧面对同一对象采用不同的描述手段,它们之间存在着内部联系,因此,读各种二次图时应将各种图联系起来。例如,读集中式电路图可与分开式电路图相联系,读接线图可与电路图相联系。

3.2.2　3~10kV 电源进线手车式高压开关柜电路二次电路图识读(图 3-22)

1. 粗读

先看一次回路,由于采用了手车式五防措施,断路器的上、下都省去了隔离开关。在主电路 L_1、L_3 两相中分别接有电流互感器 TA_U、TA_W,每个电

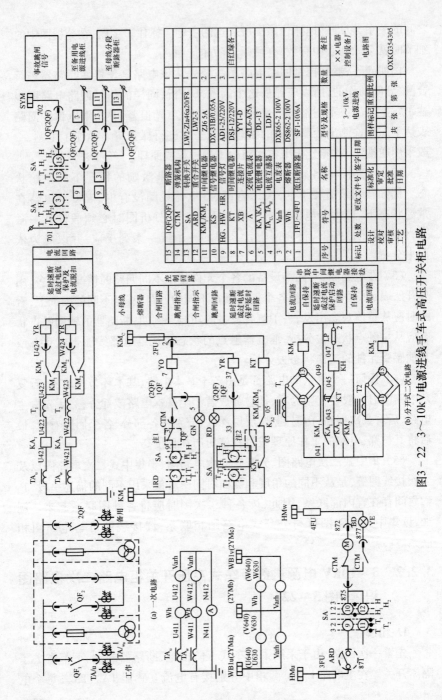

图3-22 3～10kV电源进线手车式高压开关柜电路

流互感器都有两个独立的铁芯,两套不同精度的输出绕组,一套 0.5 级作计量用,另一套 1.5 ~ 3 级作过流保护用。

3 ~ 10kV 母线经熔断器 FU 与一个三相五柱式电压互感器相接,它的一组绕组用于测量电压,另一个绕组用于绝缘监视和单相接地保护(这部分在二次回路中没有画出)。

然后看二次回路图,大体可以看出二次电路主要包括计量、控制、保护和事故跳闸信号发出回路等。

最后再看元件表,了解各元件及其文字符号、规格型号和功能。

2. 分开精读

该二次电路大体上可分为三大部分:计量部分、断路器控制部分、继电保护部分。

1)计量部分

从测量表回路可以看出,它们分别由电流互感器 TA_U 和 TA_W 提供测量电流、由电压互感器输出的电压小母线上获取测量电压,来进行有功、无功电能的测量,采用三相三线有功、无功电能表。在两相电流互感器的中线处接入一个电流表进行电流测量,电流表的读数就是 L_2 相的电流。

2)断路器控制部分

该断路器采用弹簧储能机构。首先要对弹簧机构的储能弹簧进行储能:把转换开关 SA 置于预合闸(H_1)位置,这时 873 和 875 接通,重合开关 ARD 闭合,储能弹簧未储能,CTM 常闭触点闭合,使储能电动机得电而转动,对储能弹簧进行储能。当储能弹簧到位时,储能微动开关 CTM 的常闭触点断开,常开触点闭合,使储能电动机失电、停转。而储能指示灯 YE 亮,说明弹簧机构已经储好能量。

若需进行合闸操作,只需把 SA 扳到合闸操作位置,即 H_2 位置,合闸线圈 YO 得电,释放储能弹簧,使 QF 快速合闸,这时断路器位置指示灯绿灯 GN 灭,红灯 RD 亮,表面断路器在合闸位置。

若需进行分闸操作,把切换开关 SA 扳到分闸位置,使得跳闸回路的⑥与⑦接通,弹簧机构中分励脱扣线圈 YR 有电,断路器 QF 自动分闸。这时断路器位置指示灯发生变化,绿灯 GN 亮,红灯 RD 灭,表示断路器处于分闸位置,而且操作回路电源正常。

3)继电保护部分

当线路发生过流时,过流继电器 KA_1 或 KA_2 动作,常闭触点打开,使时间继电器 KT 失电,它的常闭触点延时闭合,使信号继电器 KH 有电,给予光字牌信号,显示"过流延时保护动作"。同时给串联中间继电器 KM_1、KM_2 提供回路,使其得电动作,一对常开触点闭合自锁,一对在电流回路中常闭触点断开,进行去"分流",另一对常开触点闭合,使弹簧机构的分励脱扣线圈 YR 有电断路器 QF 跳闸,切断过流线路。

第4章 低压电气控制电路图

4.1 三相异步电动机控制电路

4.1.1 控制电路图的查线读图法

以接触器联锁控制正反转启动电路说明看图要点与步骤(图4-1)。

1. 看主电路的步骤

1)看清主电路中的用电设备

用电设备指消耗电能的用电器具或电气设备,如电动机、电弧炉等。读图首先要看清楚有几个用电设备,它们的类别、用途、接线方式及一些不同要求等。

(1)类别:交流电动机(感应电动机、同步电动机)、直流电动机等。一般生产机械中所用的电动机以交流笼型感应电动机为主。

(2)用途:带动油泵或水泵;带动塔轮再传到机械上,如传动脱谷机、碾米机、铡草机等。

(3)接线:丫(星)形接线或丫丫(双星)形接线;△(三角)接线,丫-△(星三角)形即丫形启动、△形运行接线。

(4)运行要求:始终一个速度;具有两种速度(低速和高速);多速运转的;几种顺向转速和一种反向转速,顺向做功、反向走空车等。

对启动方式、正反转、调速及制动的要求,各台电动机之间是否相互有制约的关系还可通过控制电路来分析。

图4-1的电动机是一台双向运转的笼型感应电动机。

2)要弄清楚用电设备是用什么电气元件控制的

控制电气设备的方法很多,有的直接用开关控制,有的用各种启动器控制,有的用接触器或继电器控制。图4-1中的电动机是用接触器控制的。通过接触器来改变电动机电源的相序,从而达到改变电动机转向的目的。

3）了解主电路中所用的控制电器及保护电器

前者是指除常规接触器以外的其他电气元件,如电源开关(转换开关及断路器)、万能转换开关等。后者是指短路保护器件及过载保护器件,如断路器中电磁脱扣器及热过载脱扣器的规格;熔断器、热继电器及过电流继电器等元件的用途及规格,一般说来,对主电路作如上分析后,即可分析辅助电路。

图4-1中,主电路由空气断路器 QF、接触器 KM_1、KM_2、热继电器 FR 组成。分别对电动机 M 起过载保护和短路保护作用。

4）看电源

要了解电源电压等级,是380V还是220V,是从母线汇流排供电还是配电屏供电,还是从发电机组接出来的。

2. 看辅助电路的步骤

辅助电路包含控制电路、信号电路和照明电路。

分析控制电路时可根据主电路中各电动机和执行电器的控制要求,逐一找出控制电路中的控制环节,用前面讲的基本电气控制电路知识,将控制电路"化整为零",按功能不同划分成若干个局部控制电路进行分析。如控制电路较复杂,则可先排除照明、显示等与控制关系不密切的电路,以便集中精力分析控制电路。控制电路一定要分析透彻。

1）看电源

首先看清电源的种类,是交流还是直流。其次,要看清辅助电路的电源是从什么地方接来的,以及其电压等级。一般是从主电路的两条相线上接来,其电压为单相380V;也有从主电路的一条相线和零线上接来,电压为单相220V;此外,也可以从专用隔离电源变压器接来,电压有127V、110V、36V、6.3V 等。变压器的一端应接地,各二次线圈的一端也应接在一起并接地。辅助电路为直流时,直流电源可从整流器、发电机组或放大器上接来,其电压一般为24V、12V、6V、4.5V、3V 等。辅助电路中的一切电气元件的线圈额定电压必须与辅助电路电源电压一致,否则,电压低时电气元件不动作;电压高时,则会把电气元件线圈烧坏。图4-1中,辅助电路的电源是从主电路的一条相线上接来,电压为单相220V。

2）了解控制电路中所采用的各种继电器、接触器的用途

如采用了一些特殊结构的继电器,还应了解它们的动作原理。只有这样,才能理解它们在电路中如何动作和具有何种用途。

3）根据控制电路来研究主电路的动作情况

控制电路总是按动作顺序画在两条水平线或两条垂直线之间。因此,

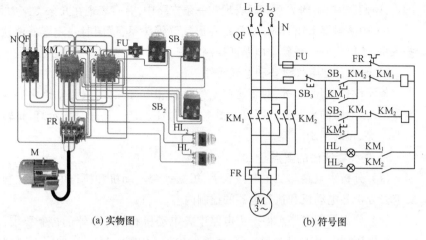

(a) 实物图   (b) 符号图

图 4-1　接触器联锁正反转启动电路

也就可从左到右或从上到下分析。对复杂的辅助电路,在电路中整个辅助电路构成一条大支路,这条大支路又分成几条独立的小支路,每条小支路控制一个用电器或一个动作。当某条小支路形成闭合回路有电流流过时,在支路中的电气元件(接触器或继电器)则动作,把用电设备接入或切除电源。对于控制电路的分析必须随时结合主电路的动作要求进行,只有全面了解主电路对控制电路的要求以后,才能真正掌握控制电路的动作原理,不可孤立地看待各部分的动作原理,而应注意各个动作之间是否有互相制约的关系,如电动机正、反转之间应设有联锁等。在图 4-1 中,控制电路有两条支路,即接触器 KM_1 和 KM_2 支路,其动作过程如下:

(1) 合上电源开关 QF,主电路和辅助电路均有电压,当按下启动按钮 SB_1 时,电源经停止按钮 SB_3→启动按钮 SB_1→接触器 KM_1 线圈→热继电器 FR→形成回路,接触器 KM_1 吸合并自锁,其在主电路中的主触点 KM_1 闭合,使电动机 M 得电,正转运行。

(2) 如果要使电动机反转,按启动按钮 SB_2,这时电源经停止按钮 SB_3→启动按钮 SB_2→接触器 KM_2 线圈→热继电器 FR→形成回路,接触器 KM_2 吸合并自锁,其在主电路中的主触点 KM_2 闭合,使电动机相序改变,反转运行。

(3) 停车,只要按下停止按钮 SB_3,整个控制电路失电,电动机停转。

4) 研究电气元件之间的相互关系

电路中的一切电气元件都不是孤立存在的,而是相互联系、相互制约的。这种互相控制的关系有时表现在一条支路中,有时表现在几条支路中。图 4 – 1 中接触器 KM_1、KM_2 之间存在电气联锁关系,读图时一定要看清这些关系,才能更好理解整个电路的控制原理。

5)研究其他电气设备和电气元件

整流设备、照明灯等,对于这些电气设备和电气元件,只要知道它们的电路走向、电路的来龙去脉即可。图 4 – 1 中 HL_1、HL_2 是开车指示灯,正转时 HL_1 亮,反转时 HL_2 亮。

3. 查线看读法的要点

(1)分析主电路。从主电路入手,根据每台电动机和执行电器的控制要求去分析各电动机和执行电器的控制内容。

(2)分析控制电路。根据主电路中各电动机和执行电器的控制要求,逐一找出控制电路中的控制环节,将控制电路"化整为零",按功能不同划分成若干个局部控制电路来进行分析。如果电路较复杂,则可先排除照明、显示等与控制关系不密切的电路,以便集中精力进行分析。

(3)分析信号、显示电路与照明电路。控制电路中执行元件的工作状态显示、电源显示、参数测定、故障报警以及照明电路等部分,很多是由控制电路中的元件来控制的,因此还要回过头来对照控制电路对这部分电路进行分析。

(4)分析联锁与保护环节。生产机械对于安全性、可靠性有很高的要求,实现这些要求,除了合理地选择拖动、控制方式以外,在控制电路中还设置了一系列电气保护和必要的电气联锁。在电气控制电路图的分析过程中,电气联锁与电气保护环节是一个重要内容,不能遗漏。

(5)分析特殊控制环节。在某些控制电路中,还设置了一些与主电路、控制电路关系不密切、相对独立的某些特殊环节。如产品计数装置、自动检测系统、晶闸管触发电路、自动记温装置等。这些环节往往自成一个小系统,其看图分析的方法可参照上述分析过程,并灵活运用所掌握的电子技术、变流技术、自控系统、检测与转换等知识逐一分析。

(6)总体检查。经过"化整为零",逐步分析每一局部电路的工作原理以及各部分之间的控制关系后,还必须用"集零为整"的方法,检查整个控制电路,看是否有遗漏。特别要从整体角度去进一步检查和理解各控制环节之间的联系,以达到清楚地理解电路图中每一个电气元件的作用、工作过程及主要参数。

4.1.2 鼠笼型三相电动机直接启动控制电路

1. 点动电路(图4−2)

工作原理:合上断路器QF,按下按钮SB,接触器KM的线圈得电,主触点KM吸合,电动机启动运行;松开按钮SB,接触器KM的线圈失电,主触点KM断开,电动机停转。

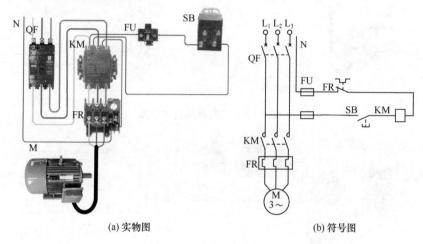

(a) 实物图　　　　　　　　(b) 符号图

图4−2　单向直接启动电路

2. 具有自锁功能的正转启动电路(图4−3)

工作原理:合上断路器QF,按下启动按钮SB_1,接触器KM的线圈得电,主触点KM吸合,电动机启动运行,其动合辅助触点闭合,用于自锁,停车时按下停车按钮SB_2,接触器KM的线圈失电,主触点KM断开,电动机停转。

3. 停止优先的单向直接启动电路(图4−4)

工作原理:合上断路器QF,按下启动按钮SB_1,接触器KM线圈得电,其动合辅助触点闭合,用于自保(以下简称得电吸合并自保),主触点KM闭合,电动机启动运行,停车时按下停车按钮SB_2,接触器KM的线圈失电,主触点KM断开,电动机停转。

控制电路中由于加入了KM的动合触点,因此即使松开SB_1,KM的线圈仍然有电,把KM的这对动合触点称为自保触点。由于两个按钮同时按下时,电动机不能启动,因此称为停止优先的单向直接启动电路。

4. 启动优先的正转启动电路(图4−5)

工作原理:合上断路器QF,按下启动按钮SB_1,接触器KM得电吸合并

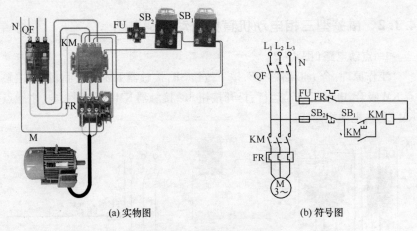

(a) 实物图　　　　　　　　　　(b) 符号图

图 4-3　单向直接启动电路

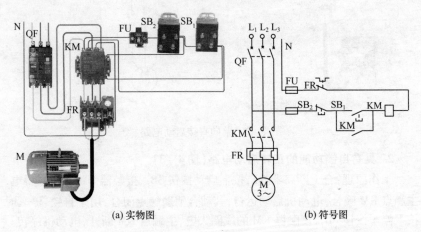

(a) 实物图　　　　　　　　　　(b) 符号图

图 4-4　停止优先单向直接启动电路

自保,主触点 KM 闭合,电动机启动运行,停车时按下停车按钮 SB$_2$,接触器 KM 线圈失电,主触点 KM 断开,电动机停转。

控制电路中,停止按钮 SB$_2$ 串接在自保回路中,这样两个按钮同时按下时,电动机能正常启动,因此称为启动优先的正转启动电路。

5. 带指示灯的自保功能的正转启动电路(图 4-6)

工作原理:合上断路器 QF,指示灯 HLG 亮。按下 SB$_1$,接触器 KM 得电吸合并自保,主触点 KM 闭合,电动机启动运行,其动合辅助触点闭合,一对用于自保,一对接通指示灯 HLR,HLR 亮,KM 的动断触点断开,HLR 灭。停

118

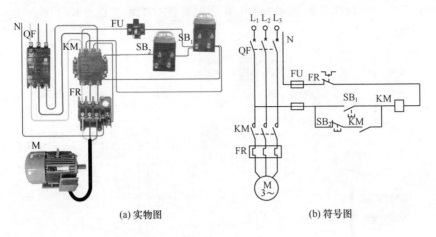

(a) 实物图　　　　　　　　　(b) 符号图

图 4 - 5　启动优先的正转启动电路

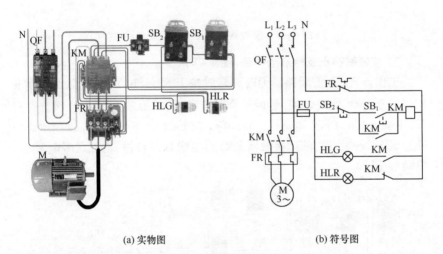

(a) 实物图　　　　　　　　　(b) 符号图

图 4 - 6　带指示灯的自保功能的正转启动电路

车时按下 SB$_2$,接触器 KM 失电释放,主触点 KM 断开,电动机停转。这时 KM 的动开触点复位,指示灯 GLR 亮,HLG 灭。

6. 接触器联锁正反转启动电路(图 4 - 7)

工作原理:合上断路器 QF,正转时按下 SB$_1$,接触器 KM$_1$ 得电吸合并自保,主触点 KM$_1$ 闭合,电动机正转启动,其动断辅助触点 KM$_1$ 断开,使 KM$_2$ 线圈不能得电,实现联锁。反转时,先按下 SB$_3$,电动机停止,再按下 SB$_2$,

KM$_2$ 的动合触点闭合,接触器 KM$_2$ 的得电吸合并自保,主触点 KM$_2$ 闭合,电动机反转。

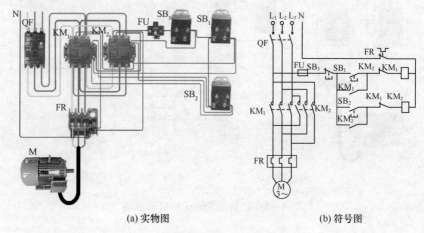

(a) 实物图　　　　　　　　　　　　(b) 符号图

图 4 – 7　接触器联锁正反转启动电路

7. 按钮联锁正反转启动电路(图 4 – 8)

工作原理:合上断路器 QF,正转时按下 SB$_1$,SB$_1$ 的动断触点先断开 KM$_2$ 线圈回路,实现联锁,然后动合触点接通,接触器 KM$_1$ 得电吸合并自保,主触点 KM$_1$ 闭合,电动机正转运行。反转时,按下 SB$_2$,SB$_2$ 动断触点先断开 KM$_2$ 线圈回路,然后接触器 KM$_2$ 得电吸合并自保,主触点 KM$_2$ 闭合,电动机反转。

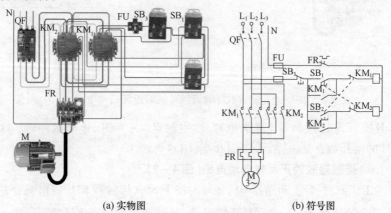

(a) 实物图　　　　　　　　　　　　(b) 符号图

图 4 – 8　按钮联锁正反转启动电路

120

8. 按钮和接触器双重联锁正反转启动电路(图4－9)

工作原理:合上断路器 QF,正转时按下 SB_1 , SB_1 的动断触点先断开 KM_2 线圈回路,然后动合触点接通,接触器 KM_1 得电吸合并自保,主触点 KM_1 闭合,电动机正转运行,接触器 KM_1 的动断触点断开 KM_2 线圈回路,使 KM_2 线圈不能得电。反转的过程与此相同。

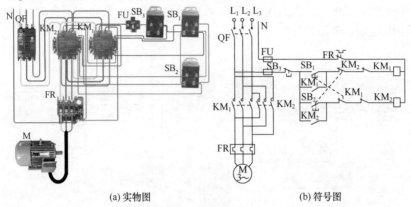

| (a) 实物图 | (b) 符号图 |

图4－9 按钮和接触器双重联锁正反转启动电路

4.1.3 鼠笼型三相电动机降压启动控制电路

1. 定子回路串入电阻手动降压启动电路(图4－10)

工作原理:合上断路器 QF,按下 SB_1 ,接触器 KM_1 得电吸合并自保,主

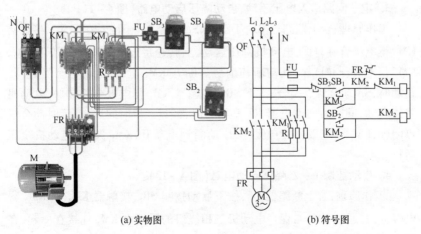

| (a) 实物图 | (b) 符号图 |

图4－10 定子回路串入电阻手动降压启动电路

121

触点 KM$_1$ 闭合,电动机降压启动,经过一段时间后,按下 SB$_2$,KM$_2$ 得电吸合并自保,主触点闭合,短接电阻 R,电动机全压运行。

2. 定子回路串入电阻自动降压启动电路(图 4 – 11)

工作原理:合上断路器 QF,按下 SB$_1$,接触器 KM$_1$ 得电吸合并自保,主触点 KM$_1$ 闭合,电动机降压启动,同时时间继电器 KT 开始计时,经过一段时间后,其延时动合触点闭合,KM$_2$ 得电吸合并自保,主触点闭合,短接电阻 R,电动机全压运行。

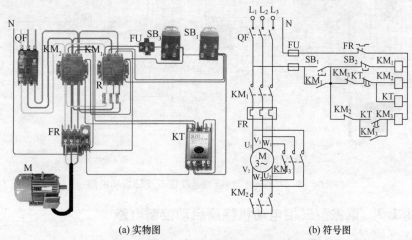

(a) 实物图　　　　　　　　(b) 符号图

图 4 – 11　定子回路串入电阻自动降压启动电路

3. 定子回路串入电阻手动、自动降压启动电路(图 4 – 12)

工作原理:合上断路器 QF,手动时,SA 动断触点闭合,按下 SB$_1$,接触器 KM$_1$ 得电吸合并自保,电动机降压启动,当转速接近额定转速时按下 SB$_2$,KM$_2$ 得电吸合并自保,其动断辅助触点断开 KM$_1$ 电源,电动机全压运行。自动时,SA 动合触点闭合,按下 SB$_1$,接触器 KM$_1$ 得电吸合并自保,电动机降压启动,同时时间继电器 KT 开始计时,经过一段时间后,其延时动合触点闭合,KM$_2$ 得电吸合并自保,KM$_2$ 动断触点断开,KM$_1$ 失电,电动机全压运行。

4. 手动控制丫 – △降压启动电路(图 4 – 13)

工作原理:合上断路器 QF,按下启动按钮 SB$_1$,接触器 KM$_1$ 和 KM$_2$ 得电吸合,并通过 KM$_1$ 自保。电动机三相绕组的尾端由 KM$_2$ 连接在一起,在星形接法下降压启动。当电动机转速达到一定值时,按下按钮 SB$_2$,SB$_2$ 的

122

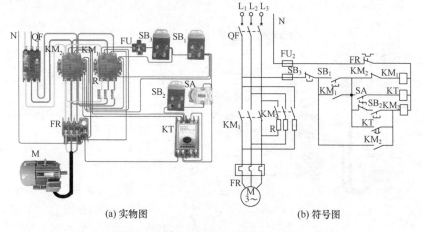

(a) 实物图 　　　　　　(b) 符号图

图 4 - 12　定子回路串入电阻手动、自动降压启动电路

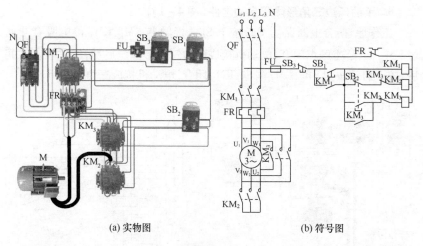

(a) 实物图 　　　　　　(b) 符号图

图 4 - 13　手动控制丫 - △降压启动电路

动断触点断开,接触器 KM₂ 失电释放,而其动合触点闭合,KM₃ 得电吸合并自保,电动机在三角形形接法下全压运行。

5. 时间继电器丫 - △降压启动电路(图 4 - 14)

工作原理:合上断器 QF,按下按钮 SB₁,接触器 KM₁ 和 KM₂ 得电吸合并通过 KM₁ 自保。电动机接成星形降压启动。同时时间继电器 KT 开始延时,经过一定时间,KT 动断触点断开接触器 KM₂ 回路,而 KT 动合触点接通 KM₃ 线圈回路,电动机在三角形形接法下全压运行。

123

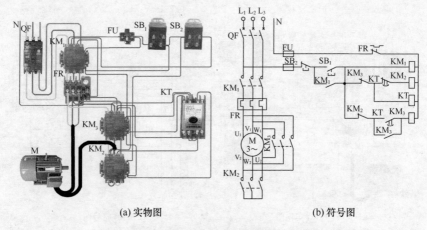

(a) 实物图   (b) 符号图

图 4 - 14   时间继电器丫 - △降压启动电路

6. 手动延边三角形降压启动电路(图 4 - 15)

工作原理:合上断路器 QF,按下 SB_1,接触器 KM_1、KM_3 得电吸合并通过 KM_1 自保,主触点闭合,电动机接成延边三角形降压启动,经过一定时间后,按下启动按钮 SB_2,KM_3 失电、KM_2 闭合,电动机接成三角形运行。

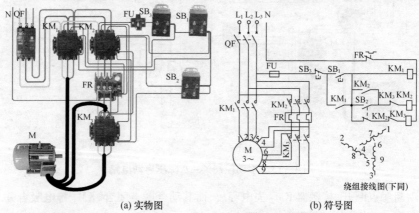

(a) 实物图   (b) 符号图

图 4 - 15   手动延边三角形降压启动电路

7. 自动延边三角形降压启动电路(图 4 - 16)

工作原理:合上断路器 QF,按下按钮 SB_1,接触器 KM_1 得电吸合并自保,KM_3 也吸合,电动机接成延边三角形降压启动。同时时间继电器 KT 开始延时,经过一定时间后,其动断触点断开 KM_3 线圈回路,而动合触点接通接触器 KM$_2$ 线圈回路,电动机转为三角形连接,进入正常运行。

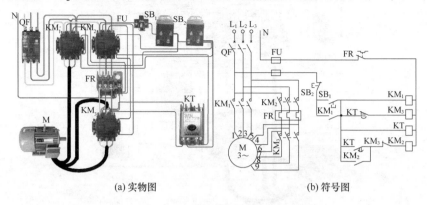

(a) 实物图　　　　　　　　(b) 符号图

图 4-16　自动延边三角形降压启动电路

8. 延边三角形二级降压启动控制电路(图 4-17)

工作原理:合上断路器 QF,按下按钮 SB$_1$,接触器 KM$_1$、KM$_2$ 先后得电吸合,电动机绕组连成丫形启动。经过一段时间后,再按下按钮 SB$_2$,接触器 KM$_2$ 失电释放,而 KM$_3'$ 得电吸合并自保,电动机绕组转换成延边三角形接法,开始第二级降压启动,再经过一段时间后,按下启动按钮 SB$_3$,接触器 KM$_3$ 失电释放,KM$_4$ 得电吸合并自保,电动机绕组转换成三角形接法,投入正常运行。

4.1.4　鼠笼型三相电动机运行控制电路

1. 点动与连续单向运行控制电路(图 4-18)

工作原理:点动时 SA 断开,按下按钮 SB$_1$,电动机启动运行,松开 SB$_1$,电动机停止。连续运行时 SA 闭合,按下按钮 SB$_1$,接触器 KM 得电吸合并自保,电动机继续运行,按下按钮 SB$_2$,电动机 M 停止。

2. 两地单向运行控制电路(图 4-19)

工作原理:合上断路器 QF,按下 SB$_{11}$(SB$_{12}$),接触器 KM 得电吸合并自保,电动机启动运行,按下 SB$_{21}$(SB$_{22}$),电动机停止。

3. 两台电动机主电路按顺序启动的控制电路(图 4-20)

工作原理:合上断路器 QF,按下 SB$_1$,接触器 KM$_1$ 得电吸合并自保,电动机 M$_1$ 启动运行,再按下 SB$_2$,接触器 KM$_2$ 得电吸合并自保,电动机 M$_2$ 启动运行。按下 SB$_3$,接触器 KM$_1$ 失电释放,两台电动机同时停止。

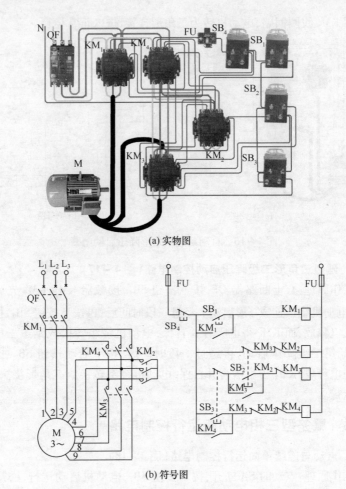

(a) 实物图

(b) 符号图

图 4 – 17　延边三角形二级降压启动控制电路

4. 两台电动机控制电路按顺序启动的电路（图 4 – 21）

工作原理：合上断路器 QF，按下 SB_1，接触器 KM_1 得电吸合并自保，电动机 M_1 启动运行。再按下 SB_2，接触器 KM_2 得电吸合并自保，电动机 M_2 启动运行。按下 SB_3 两台电动机同时停止。

5. 两台电动机控制电路按顺序停止的电路（图 4 – 22）

工作原理：合上断路器 QF，按下 SB_1，接触器 KM_1 得电吸合并自保，电动机 M_1 启动运行。再按下 SB_2，接触器 KM_2 得电吸合并自保，电动机 M_2

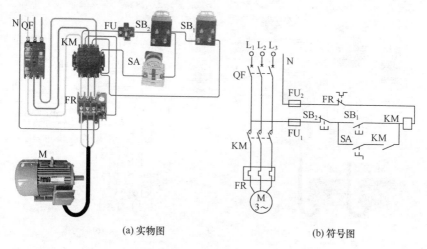

(a) 实物图   (b) 符号图

图 4 – 18　点动与连续单向运行控制电路

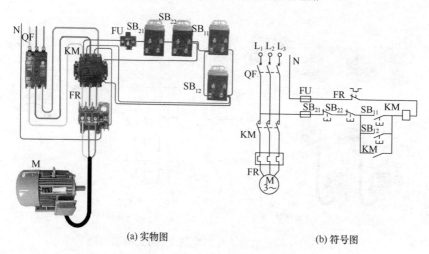

(a) 实物图   (b) 符号图

图 4 – 19　两地单向运行控制电路

启动运行。停止时先按下 SB_4,电动机 M_2 停止,再按下 SB_3,电动机 M_1 停止。

6. 两台电动机按顺序启动、停止的电路(图 4 – 23)

工作原理:合上断路器 QF,按下 SB_1,接触器 KM_1 得电吸合并自保,电动机 M_1 启动运行。同时时间继电器 KT_1 开始延时,经过一定时间,KT_1 动合触点闭合,电动机 M_2 启动运行。停止时按下 SB_2,电动机 M_2 停止。同时

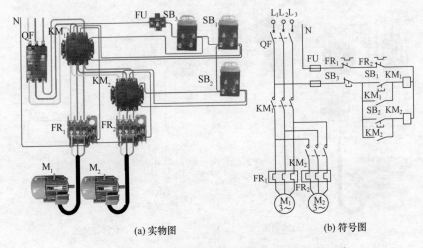

(a) 实物图　　　　　　　　　　　(b) 符号图

图 4 – 20　两台电动机主电路按顺序启动的控制电路

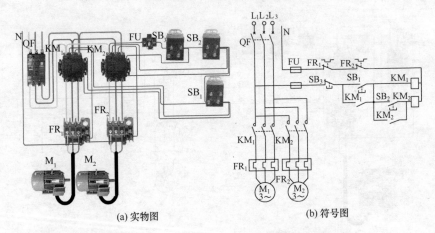

(a) 实物图　　　　　　　　　　　(b) 符号图

图 4 – 21　两台电动机控制电路按顺序启动的电路

时间继电器 KT_2 开始延时,经过一定时间,KT_2 动断触点断开 KM_1 回路,电动机 M_1 停止。

7. 长时间断电后来电自启动控制电路(图 4 – 24)

工作原理:合上旋钮开关 SA,按下 SB,接触器 KM 得电吸合并自保,电动机 M 运行。当出现停电时,KA、KM 都将失电释放,KA 动断触点复位,当再次来电时,时间继电器 KT 的线圈得电,经过延时接通 KM 线圈回路,电动机重新启动运行。

128

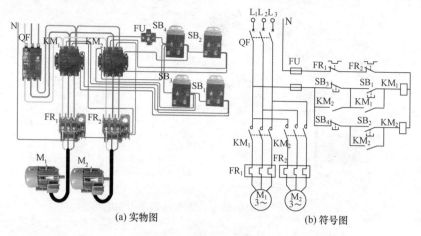

(a) 实物图   (b) 符号图

图 4 - 22 两台电动机控制电路按顺序停止的电路

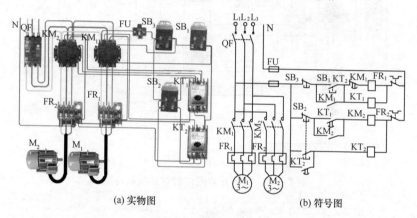

(a) 实物图   (b) 符号图

图 4 - 23 两台电动机按顺序启动、停止的电路

8. 行程开关限位控制正反转电路(图 4 - 25)

工作原理:合上断路器 QF,按下 SB_1,接触器 KM_1 得电吸合并自保,主触点 KM_1 闭合,电动机正转运行,KM_1 动断辅助触点断开,使 KM_2 线圈不能得电。挡块碰触行程开关 SQ_1 时电动机停转。中途需要反转时,先按下 SB_3,再按 SB_2。反向作用原理相同。

9. 卷扬机控制电路(图 4 - 26)

工作原理:合上断路器 QF,按下 SB_1,接触器 KM_1 得电吸合并自保,主触点 KM_1 闭合,电动机上升,挡块碰触行程开关 SQ 时电动机停转。中途需

129

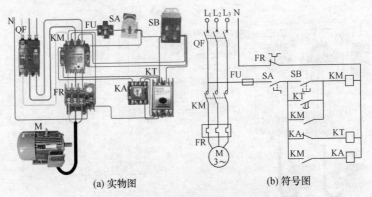

(a) 实物图　　　　　(b) 符号图

图 4-24　长时间断电后来电自启动控制电路

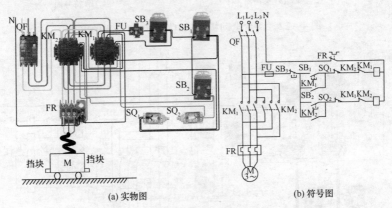

(a) 实物图　　　　　(b) 符号图

图 4-25　行程开关限位控制正反转电路

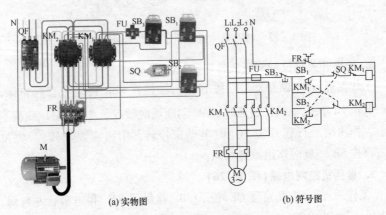

(a) 实物图　　　　　(b) 符号图

图 4-26　卷扬机控制电路

130

要反转时,按下 SB_2。反向作用原理相同,只是下降时没有限位。

10. 时间继电器控制按周期重复运行的单向运行电路(图 4 – 27)

工作原理:按下按钮 SB_1、线圈 KM 得电吸合并自保,电动机 M 启动运行,同时 KT_1 开始延时,经过一段时间后,KT_1 的动断触点断开,电动机停转。同时,KT_2 开始延时,经过一定时间后,KT_2 动合触点闭合,接通线圈 KM 回路,以下重复。

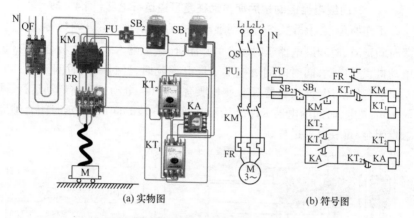

(a) 实物图　　　　　　　(b) 符号图

图 4 – 27　时间继电器控制按周期重复运行的单向运行电路

11. 行程开关控制按周期重复运行的单向运行电路(图 4 – 28)

工作原理:按下按钮 SB_1、线圈 KM 得电吸合并通过行程开关 SQ_1 的动断触点自保,电动机 M 启动运行,当挡块碰触行程开关 SQ_1 时,电动机 M

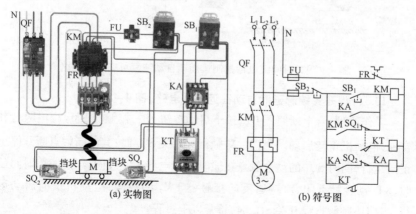

(a) 实物图　　　　　　　(b) 符号图

图 4 – 28　行程开关控制按周期重复运行的单向运行电路

131

停止运行,同时 SQ_1 动合触点接通时间继电器回路,KT 开始延时,经过一段时间后,KT 动合触点闭合,继电器 KA 得电并通过行程开关 SQ_2 自保,KA 动合触点闭合,使 KM 得电,电动机运行。电动机 M 运行到脱离行程开关 SQ_1 时,SQ_1 复位,同时 KT 线圈回路断开,其动合触点断开。当电动机运行到挡块碰触 SQ_2 时,KA 断电,电动机继续运行挡块碰触 SQ_1,重复以上过程。

12. 时间继电器控制按周期自动往复可逆运行电路(图 4 – 29)

工作原理:合上开关 SA,时间继电器 KT_1 得电吸合并开始延时,经过一段时间延时,时间继电器延时动合触点闭合,接触器 KM_1 得电吸合并自保,电动机正转启动,同时时间继电器 KT_2 开始延时,经过一段时间延时,KT_2 延时动合触点闭合,接触器 KM_2 得电吸合并自保,电动机反向启动运行,同时 KM_1 失电,时间继电器 KT_1 开始延时,经过一段时间后,其延时闭合辅助触点闭合,重复以上过程。

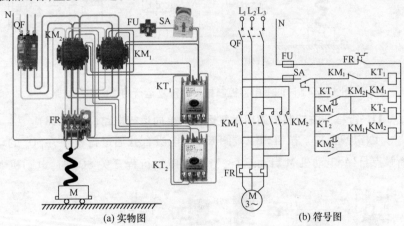

(a) 实物图   (b) 符号图

图 4 – 29   时间继电器控制按周期自动往复可逆运行电路

13. 行程开关控制延时自动往返控制电路(图 4 – 30)

工作原理:合上断路器 QF,按下启动按钮 SB_1,接触器 KM_1 得电吸合并自保,电动机正转启动。当挡块碰触行程开关 SQ_1 时,其动断触点断开停止正向运行,同时 SQ_1 的动合触点接通时间继电器 KT_2 线圈,经过一段时间延时,KT_2 动合触点闭合,接通反向接触器 KM_2 的线圈,电动机反向启动运行,当挡块碰触行程开关 SQ_2 时,重复以上过程。

132

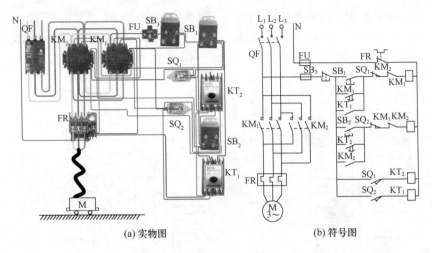

(a) 实物图　　　　　　　　　　　　(b) 符号图

图 4-30　行程开关控制延时自动往返控制电路

14. 2Y/△接法双速电动机控制电路(图 4-31)

工作原理:合上断路器 QF,按下低速启动按钮 SB$_1$,接触器 KM$_1$ 得电吸合并自保,电动机为三角形连接低速运行。按下停止按钮 SB$_3$ 后,再按高速启动按钮 SB$_2$,接触器 KM$_2$、KM$_3$ 得电吸合并通过 KM$_2$ 自保,此时电动机为 2Y 连接高速运行。

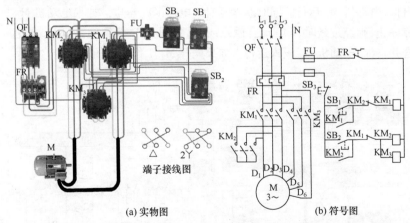

端子接线图

(a) 实物图　　　　　　　　　　　　(b) 符号图

图 4-31　2Y/△接法双速电动机控制电路

15. 2Y/△接法双速电动机升速控制电路(图 4-32)

工作原理:合上断路器 QF,按下启动按钮 SB$_1$,接触器 KM$_1$ 得电吸合并

133

自保,电动机为三角形连接低速运行。同时时间继电器 KT 线圈得电,经过一段延时后,其动断触点断开,接触器 KM$_1$ 失电释放,其动合触点闭合,接触器 KM$_2$ 和 KM$_3$ 得电吸合并通过 KM$_2$ 自保,此时电动机为 2Y 形连接,进入高速运行。

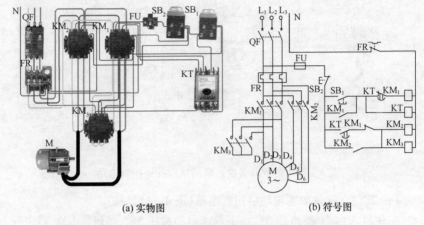

(a) 实物图　　　　　　　　(b) 符号图

图 4 – 32　2Y/△接法双速电动机升速控制电路

16. 两台电动机自动互投的控制电路(图 4 – 33)

工作原理:合上断路器 QF,按下启动按钮 SB$_1$,接触器 KM$_1$ 得电吸合并自保,电动机 M$_1$ 运行。同时断电延时继电器 KT$_1$ 得电。如果电动机 M$_1$ 故障停止,则经过延时,KT$_1$ 动合触点闭合,接通 KM$_2$ 线圈回路,KM$_2$ 得电吸合并自保,电动机 M$_2$ 投入运行。如果先开 M$_2$ 工作原理相同。

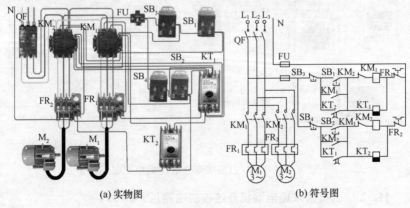

(a) 实物图　　　　　　　　(b) 符号图

图 4 – 33　两台电动机自动互投的控制电路

134

4.1.5 鼠笼型异步电动机制动电路

1. 速度继电器单向运转反接制动电路(图4-34)

工作原理:合上断路器 QF,按下启动按钮 SB_1,接触器 KM_1 得电吸合并自保,电动机直接启动。当电动机转速升高到一定值后,速度继电器 KS 的触点闭合,为反接制动做准备。停机时,按下停止按钮 SB_2,接触器 KM_1 失电释放,其动断触点闭合,接触器 KM_2 得电吸合,电动机反接制动。当转速低于一定值时,速度继电器 KS 触点打开,KM_2 失电释放,制动过程结束。

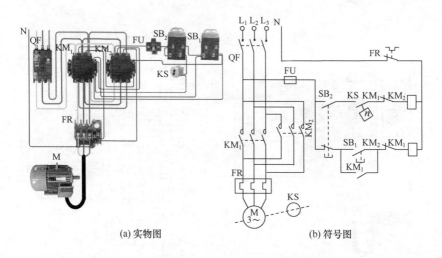

(a) 实物图   (b) 符号图

图4-34　速度继电器单向运转反接制动电路

2. 时间继电器单向运转反接制动电路(图4-35)

工作原理:合上断路器 QF,按下启动按钮 SB_1,接触器 KM_1 得电吸合并自保,电动机启动运行,同时时间继电器得电吸合。停机时,按下停止按钮 SB_2,接触器 KM_1 失电释放,其动断触点复位,KM_2 得电吸合并自保,电动机反接制动。同时时间继电器开始延时,经过一定时间后,KT 动断触点断开,KM_2 失电释放,制动过程结束。

3. 单向电阻降压启动反接制动电路(图4-36)

将该电路分解为电阻降压启动和反接制动两个部分,如图4-37、图4-38所示。

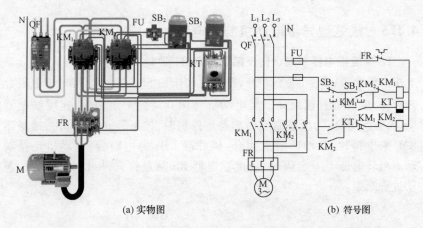

(a) 实物图   (b) 符号图

图 4-35　时间继电器单向运转反接制动电路

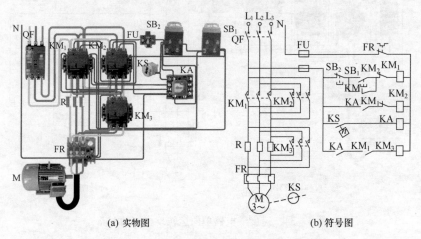

(a) 实物图   (b) 符号图

图 4-36　单向电阻降压启动反接制动电路

工作原理：

（1）对于图 4-37。合上电源开关，按下启动按钮 SB_1，接触器 KM_1 得电吸合并自保，电动机串入电阻 R 降压启动。当转速上升到一定值时，速度继电器 KS 动合触点闭合，中间继电器 KA 得电吸合并自保，接触器 KM_3 得电吸合，其主触点闭合，短接了降压电阻 R，电动机进入全压正常运行。

（2）对于图 4-38。停机时，按下按钮 SB_2，接触器 KM_1、KM_3 先后失电释放，KM_1 动断辅助触点复位，KM_2 得电吸合，电动机串入限流电阻 R 反接制动。当电动机转速下降到一定值时,KS 动合触点断开,KM₂ 失电释放,反接制动结束。

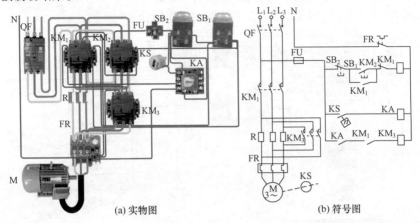

(a) 实物图   (b) 符号图

图 4 – 37   由图 4 – 36 分解的电阻降压启动电路

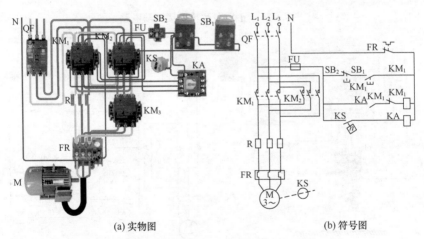

(a) 实物图   (b) 符号图

图 4 – 38   由图 4 – 36 分解的单向反接制动电路

4. 正反向运转反接制动电路(图 4 – 39)

电路可分解为正转反接制动电路和反转反接制动电路,正转反接制动电路如图 4 – 40 所示。

工作原理:对于图 4 – 40,合上断路器 QF,按下启动按钮 SB₁,接触器 KM₁ 得电吸合并自保,电动机正转运行。当电动机转速达到一定值后,速度继电器 KS₁ 动合触点闭合,为反接制动做好准备。停机时,按下停止按钮

137

SB₃,接触器 KM₁ 失电释放,中间继电器 KA 得电吸合并自保,接触器 KM₂ 得电吸合,电动机反接制动,当转速低于一定值时,KS₁ 动合触点打开,KM₂ 和 KA 失电释放,制动结束。反转方法与此相同。

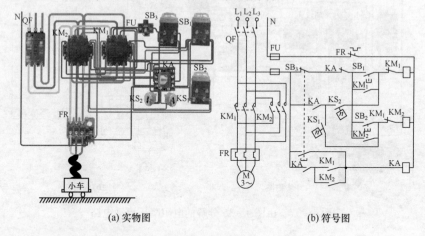

(a) 实物图   (b) 符号图

图 4 – 39   正反向运转反接制动电路

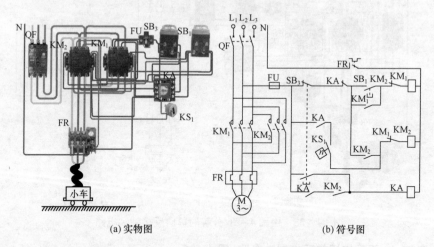

(a) 实物图   (b) 符号图

图 4 – 40   由图 4 – 39 分解的正转反接制动电路

5. 手动单向运转能耗制动电路(图 4 – 41)

工作原理:合上断路器 QF,按下启动按钮 SB₁,接触器 KM₁ 得电吸合并自保,电动机启动运行。停机时,按住 SB₂,接触器 KM₁ 失电释放,而 KM₂ 得电吸合,电动机进入能耗制动状态,松开 SB₂,制动结束。

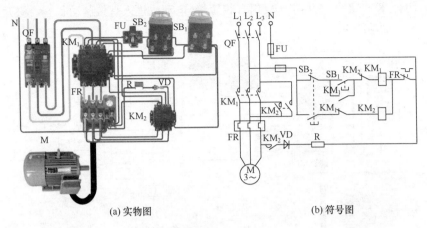

(a) 实物图　　　　　　　　　(b) 符号图

图 4-41　手动单向运转能耗制动电路

6. 手动正反转运转能耗制动电路(图 4-42)

工作原理:图中 SB_1 和 SB_2 分别为正向和反向启动按钮,SB_3 为停止按钮,停机时,按住停止按钮 SB_3,接触器 KM_1(或 KM_2)失电释放,KM_1(或 KM_2)的动断辅助触点闭合,接触器 KM_3 得电吸合,其两副动合触点闭合,后面的制动过程同手动单向运转能耗制动电路。

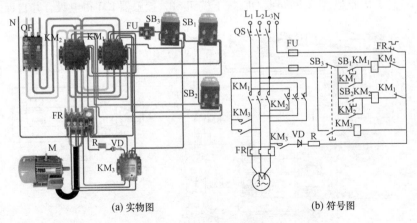

(a) 实物图　　　　　　　　　(b) 符号图

图 4-42　手动正反转运转能耗制动电路

7. 单向运转短接制动电路(图 4-43)

工作原理:合上断路器 QF,按下启动按钮 SB_1,接触器 KM_1 得电吸合并自保,电动机启动运行。停机时,按住按钮 SB_2,KM_1 失电释放,其动断触点

139

闭合,KM_2 吸合,三相定子绕组自相短接,电动机进入短接制动状态。松开 SB_2,制动结束。

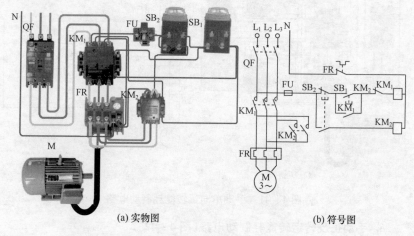

(a) 实物图　　　　　　　　　　(b) 符号图

图 4 - 43　单向运转短接制动电路

4.1.6　绕线型异步电动机控制电路

1. 手动转子绕组串电阻启动控制电路(图 4 - 44)

工作原理:合上断路器 QF,按下按钮 SB_1,接触器 KM 得电吸合并自保,

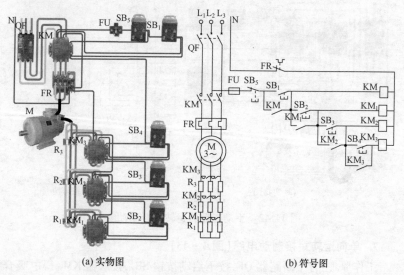

(a) 实物图　　　　　　　　　　(b) 符号图

图 4 - 44　手动转子绕组串电阻启动控制电路

140

电动机转子接入全部电阻降压启动。当达到一定转速时,按下按钮 SB_2,接触器 KM_1 得电吸合并自保,切除电阻 R_1,电动机在另一转速下继续启动,重复以上过程,继续按下启动按钮 SB_3、SB_4 切除电阻 R_2、R_3,直到电动机在额定电压下正常运行。

2. 时间继电器二级启动电路(图 4-45)

工作原理:合上断路器 QF,按下启动按钮 SB_1,接触器 KM 得电吸合并自保,电动机转子绕组接入全部电阻一级启动,同时继电器 KT_1 线圈得电,经过一段时间延时,其动合触点闭合,接触器 KM_1 得电吸合,切除转子回路里的一级电阻 R_1,电动机进入第二级启动。同时 KM_1 动合辅助触点闭合,重复以上过程,切除转子回路里的二级电阻,电动机升至额定转速。

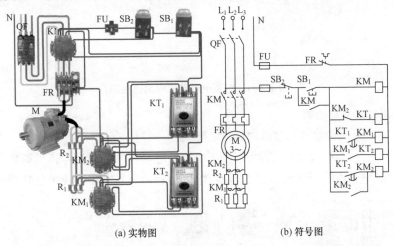

(a) 实物图　　　　　　　　　(b) 符号图

图 4-45　时间继电器二级启动电路

3. 电流继电器二级启动电路(图 4-46)

工作原理:合上断路器 QF,按下启动按钮 SB_1,接触器 KM 得电吸合并自保,电动机在接入全部启动电阻的情况下启动运行。

启动开始时电流继电器 KI_1 和 KI_2 吸合,它们的动断触点断开,切断接触器 KM_1 和 KM_2 线圈回路。

当转子启动电流减小到 KI_1 的释放电流时,KI_1 释放,其动断触点复位,接触器 KM_1 得电吸合并自保,切除转子回路里的一级电阻 R_1,电动机进入第二级启动。当转子启动电流减小到 KI_2 的释放电流时,KI_2 释放,其动断触点闭合,接触器 KM_2 得电吸合并自保,切除转子回路里的二级电阻 R_2,电

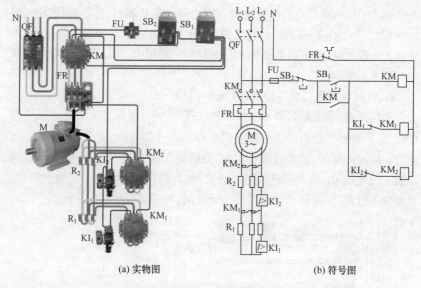

(a) 实物图　　　　　　　　　　　　(b) 符号图

图 4-46　电流继电器二级启动电路

动机启动过程结束。

4. 手动频敏变阻器单向启动电路(图 4-47)

工作原理:合上断路器 QF,按下启动按钮 SB_1,接触器 KM_1 得电吸合并自保,电动机转子串入频敏变阻器 RF 降压启动。当电动机转速上升到一

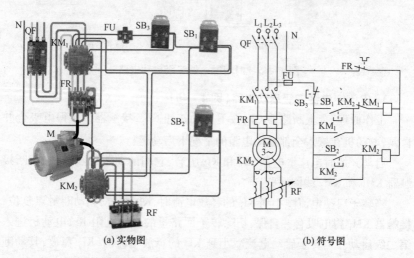

(a) 实物图　　　　　　　　　　　　(b) 符号图

图 4-47　手动频敏变阻器单向启动电路

142

定值时,按下按钮 SB_2,接触器 KM_2 得电吸合并自保。频敏变阻器被短接,启动过程结束。

4.2 机床控制电路

4.2.1 车床控制电路

1. C620 - 1 卧式车床控制电路(图 4 - 48)

根据控制要求将电路分解为控制和照明两部分,如图 4 - 49、图 4 - 50 所示。

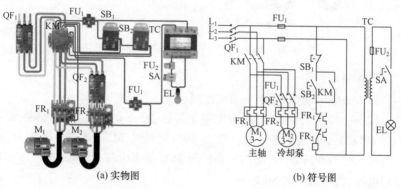

(a) 实物图   (b) 符号图

图 4 - 48   C620 - 1 卧式车床控制电路

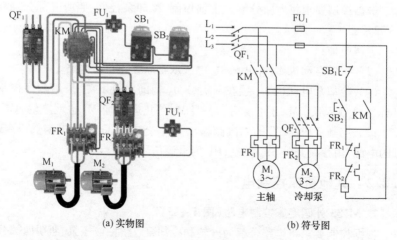

(a) 实物图   (b) 符号图

图 4 - 49   C620 - 1 卧式车床控制电路控制部分

143

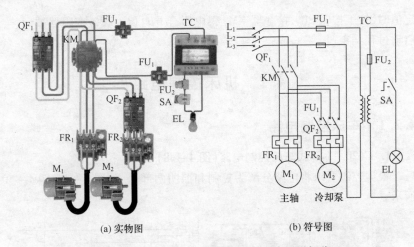

(a) 实物图   (b) 符号图

图 4 - 50   C620 - 1 卧式车床控制电路照明部分

工作原理：

(1) 主轴电动机 M_1 单向启动控制。

(2) 冷却泵电动机 M_2 在主电路中接在 M_1 下侧，采用顺序控制，只有当 M_1 启动后，M_2 才可能启动。当 M_1 停止运转时，M_2 也就停止运转。

(3) 控制变压器 TC 的二次侧输出 36V 交流电压，作为车床低压照明灯的电源，由控制开关 SA 控制。

2. L - 型卧式车床控制电路（图 4 - 51）

根据控制要求将电路分解为主轴控制、冷却泵控制、照明三部分，如图 4 - 52 ~ 图 4 - 54 所示。

工作原理：

(1) 主轴电动机 M_1 采用机械、电气双重联锁正反转电路。

(2) 冷却泵电动机 M_2 接在 KM_1、KM_2 辅助触点下侧，采用顺序控制，只有当 M_1 启动后，M_2 才可能启动。当 M_1 停止运转时，M_2 也就停止运转。

(3) 控制变压器 TC 的二次侧输出 36V 交流电压，作为车床低压照明灯的电源，由控制开关 SA_2 控制；HL 为电源信号灯。

4.2.2   其他机床控制电路

1. M135 外圆磨床控制电路（图 4 - 55）

根据控制要求将电路分解为砂轮和冷却泵、工件、液压泵、照明四部分，如图 4 - 56 ~ 图 4 - 59 所示。

144

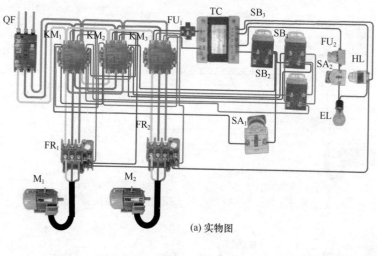

(a) 实物图

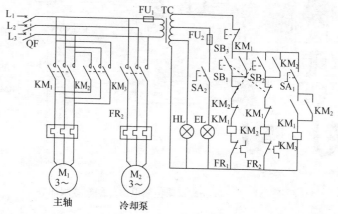

(b) 符号图

图 4 – 51　L – 型卧式车床控制电路

工作原理:

(1) 砂轮电动机 M_1 和冷却泵电动机 M_2 控制。由接在同一接触器下面,属于同时启动同时停止顺序控制。由于接触器 KM_2 串电阻 R 接通 M_1 的电源,因而 M_1 串电阻降压启动控制。

(2) 工件电动机 M_3 控制。M_3 属于单向运转控制电路。该电动机主电路串接在 M_1 后面,属于主电路顺序启动。

145

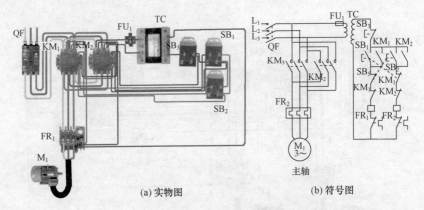

(a) 实物图 (b) 符号图

图 4 - 52 L - 型卧式车床控制电路主轴控制部分

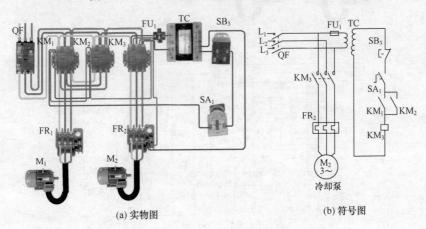

(a) 实物图 (b) 符号图

图 4 - 53 L - 型卧式车床控制电路冷却泵控制部分

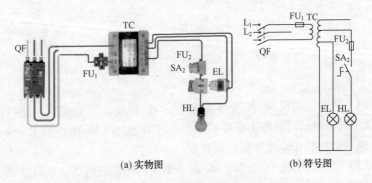

(a) 实物图 (b) 符号图

图 4 - 54 L - 型卧式车床控制电路照明部分

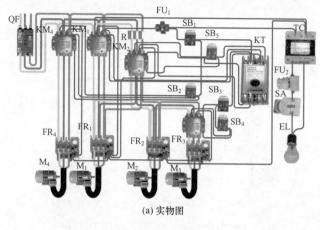

(a) 实物图

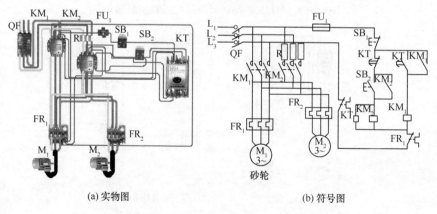

(b) 符号图

图 4 - 55　M135 外圆磨床控制电路

(a) 实物图　　　　　　　　(b) 符号图

图 4 - 56　M135 外圆磨床控制电路砂轮和冷却泵部分

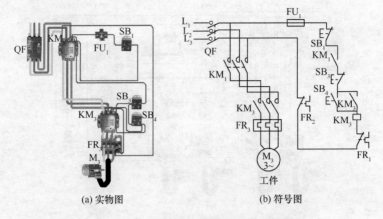

(a) 实物图   (b) 符号图

图 4 - 57   M135 外圆磨床控制电路工件部分

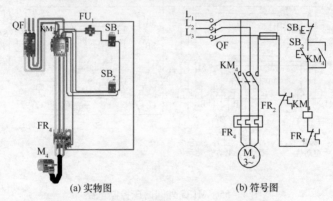

(a) 实物图   (b) 符号图

图 4 - 58   M135 外圆磨床控制电路液压泵部分

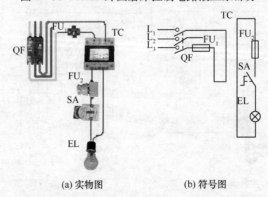

(a) 实物图   (b) 符号图

图 4 - 59   M135 外圆磨床控制电路照明部分

148

（3）液压泵电动机 M_4 控制。M_4 也属于单向运转控制电路，其中 SB_2 为启动按钮。

（4）照明控制。照明源由控制变压器 TC 降压后形成 36V 交流电压供给，由单极开关 SA 进行控制，熔断器 FU_2 实现照明电路短路保护功能。

4.2.3　X8120 型万能工具铣床控制电路

X8120 型万能工具铣床控制电路如图 4-60 所示。

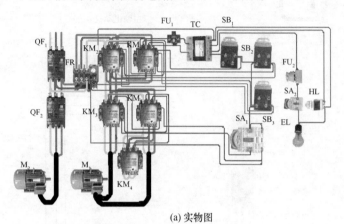

（a）实物图

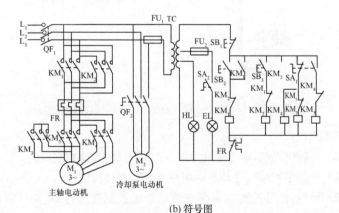

（b）符号图

图 4-60　X8120 型万能工具铣床控制电路

根据控制要求将电路分解为主轴、冷却泵、照明三部分，如图 4-61 ~ 图 4-63 所示。

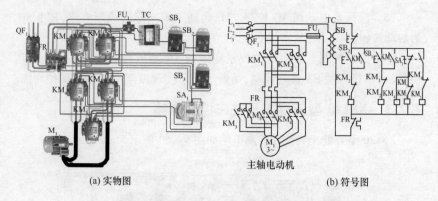

(a) 实物图   (b) 符号图

图 4 - 61   X8120 型万能工具铣床控制电路主轴部分

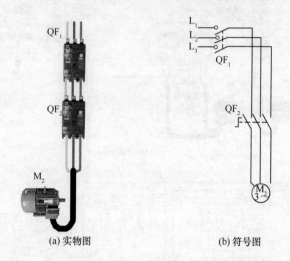

(a) 实物图   (b) 符号图

图 4 - 62   X8120 型万能工具铣床控制电路冷却泵部分

工作原理：

（1）主轴电动机 M_1 控制电。M_1 属于正反转双速控制电路。

（2）冷却泵控制。冷却泵由断路器 QF_2 直接控制。

（3）照明、信号控制。380V 交流电压经控制变压器 TC 降压后分别输出 36V、6V 交流电压给照明电路、信号电路供电。SA_2 为照明灯 EL 控制开关，熔断器 FU_3 实现照明电路短路保护功能。

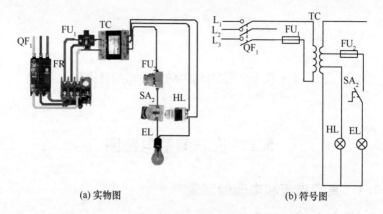

(a) 实物图　　　　　　　　　　　　(b) 符号图

图 4 - 63　X8120 型万能工具铣床控制电路照明部分

第 5 章 生产实际应用图

5.1 仪表测量电路图

5.1.1 直流电流和电压的测量

1. 直流电流的测量

直流电流表必须与被测电路串联。测量直流电流时,需注意表头"＋"端旋钮接电流的流入端,"－"端旋钮接电流的流出端。在实际看图时,也可借助图纸中表头的"＋"或"－"标识来判明直流电路和电流的流向,如图 5－1(a)所示。要扩大电流表的量程,即测量超过电流表实际最大测量范围值以外的值,可在表头两端并联一个分流电阻,使电流进行分流,从而起到保护直流电流表的作用,如图 5－1(b)所示。

图 5－1 直流电流测量电路

2. 直流电压的测量

直流电压表必须与被测量电路并联。表头的"＋"端接高电位,"－"端接低电位,如图 5－2(a)所示。要扩大直流电压表的量程,可在表头或表尾串 1 个分压电阻器,使直流电压表回路的电压进行分压,从而起到保护直流电压表的作用,如图 5－2(b)所示。

图 5－2 直流电压测量电路

5.1.2 交流电流和电压的测量

1. 交流电流的测量

主要有 3 种:手持测量工具直接测量方法;直接将电流表串联在所需测量的电路中;用电流互感器扩大电流量程。在测量数值较大的交流电流或高压回路的交流电流时,常借助于电流互感器来扩大电流表的量程,在测量高压回路中电流时也起到隔离高压线路的作用,其接线方法如图 5 – 3 所示。让被测电流通过电流互感器的原绕组(大电流或高压回路电流通过的一次绕组),电流表串接在副绕组电路中,实际数值是只要把副绕组中通过的电流值乘以电流互感器的电流比,即为电路中的实际电流。例如:若图 5 – 3 中一次电流为 150A,而选择的电流互感器变比为 300/5,这样,在电流互感器二次中感应的电流值就为 2.5A。同样道理,若实际测出通过电流表表头的电流为 2.5A 时,其反映一次系统中通过的电流值即为 2.5 × 300/5 = 150A。但在某些测量中,例如开关板上,电流表的标度尺是直接标出被测电流的数值,即已完成与电流互感器的电流比乘积,用此值标出标度尺,很方便地进行直接读数。如在电流表盘上当指示电流为 150A 时,实际上此时表头通过的电流是 2.5A。

交流电流的测量与直流电流测量的注意事项基本一致,只是无须考虑表头接线端子的"+"与"–"之分。

图 5 – 3(a)所示为使用 1 个电流互感器测量三相交流回路电流电路,即在交流三相回路任意一相线路中安装 1 个电流互感器,电流表串接在电流互感器的二次侧,利用电流互感器测量这一相电流。这种接线方式,适用于三相平衡电路,由于三相平衡,即表示三相中每一相中通过的电流值都是一样的,图示中接于一相中的电流表指示数值同时也可表示在另两相通过的电流值。

图 5 – 3(b)所示为 2 个电流互感器 V 形接线测量电路。在两相电路中接有 2 个电流互感器,组成 V 形接线。3 个电流表分别串接在 2 个电流互感器的二次侧。这种接法也称两相不完全星形接线。与 2 个电流互感器二次侧直接连接的电流表 PA₁ 和 PA₂,测量这两相 U 相和 W 相线路的电流;另一只电流表 PA₃ 所测量的电流是这 2 个电流互感器二次侧电流的向量和,此值恰好是未接电流互感器那相(图 5 – 3(b)中的 V 相)的二次电流。这样,只使用 2 个电流互感器和 3 个电流表就可分别测量出三相电流。

图 5 – 3(c)所示为利用 3 个电流互感器和 3 个电流表测量电路。这种接法也称三相星形接线。3 个电流表分别与三相电流互感器的二次侧连接,分别测量三相电流。

图 5 – 3(d)所示为 2 个电流互感器和 1 个电流表测量电路。该电流表通过转换开关与两个电流互感器的二次侧连接,通过切换转换开关用 1 个电流表分别测量三相电流。如要测量 U 相电流时,可将转换开关打至 M_1 与 U 连接,M_2 与 V、N 连接即可;而需测量 V 相电流时,需将转换开关打至 M_1 与 U、W 连接,M_2 与 V、N 连接,其工作原理与图 5 – 3(b)相同。

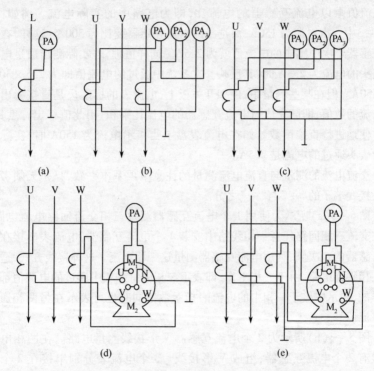

(a)　　　　　　　　(b)　　　　　　　　(c)

(d)　　　　　　　　　　　(e)

图 5 – 3　利用电流互感器测量电流的接线图

图 5 – 3(e)所示为三个电流互感器和 1 个电流表测量电路。该电流表通过转换开关与三个电流互感器二次侧连接。通过切换转换开关,用 1 个电流表分别测量三相电流。

使用电流互感器应注意:电流互感器的副绕组和铁芯应可靠接地;副绕

154

组电路中严禁开路,因此不能在电流互感器二次侧加装熔断器。

2. 交流电压的测量

一种为直接并联测量电路;另一种为使用电压互感器扩大电压量程。测量高压回路的交流电压时,常借助于电压互感器来将电压值等比例地降低,再用电压表去测量降低后的线路电压。已大幅度降低后的电压值,相对于电压表而言是安全电压,此电压值已不会造成测量表计的绝缘损坏。但测量出的读数要乘以电压互感器的变比,才是被测电压的实际数值。同样,在某些测量中,例如开关板上,电压表的标度尺也可直接标出被测电压的数值。图 5 - 4 所示为电压互感器的接线图。

图 5 - 4(a)所示为单相电压互感器测量电路图,右侧图为其一次系统图(以下同)。从图中可看出,电压表接在 1 个单相电压互感器的二次侧,

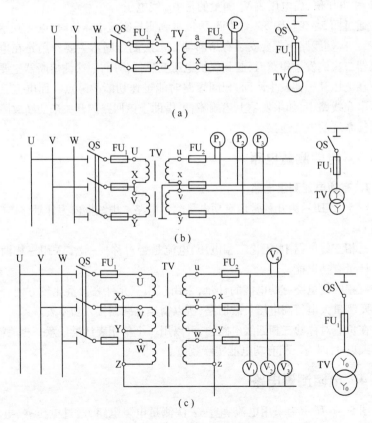

图 5 - 4 电压互感器的接线图

经电压互感器测量这个线路间的电压。图5-4(a)所示一次系统电压值为6000V，而电压互感器变比为6000/100，那么当电压表表头所接受的电压值为100V时，其意义就代表在电压互感器的一次侧，也就是一次系统电压值为6000V。如果将电压表表盘上的指示值按相应比例进行刻录，即当表头接受电压为100V时，其指针所指方位为6000V，其他数值同样刻录，就可很方便地通过指针直观读出系统电压值。

图5-4(b)所示为两个单相电压互感器的V/V形接线，能测量相间线电压，但不能测量相电压。电压表V_1、V_2、V_3分别测量的是U_{UV}、U_{VW}和U_{UW}线电压。

图5-4(c)所示为3个单相电压互感器接成Y_0/Y_0接线。此类接线可以很方便地测量出线电压和相电压。电压表V_1、V_2、V_3分别测量的是U、V和W相电压值，而电压表V_4测量的是U_{UV}线电压。

通过图5-3与图5-4对照，可以看到测量交流电压值时，电压互感器的一、二次侧线路上都要安装有熔断器。二次侧熔断器主要作用是在电压互感器二次侧发生短路时，起到保护电压互感器作用；一次侧熔断器主要作用是在电压互感器发生匝间、相间短路时能迅速切断故障点。而电流互感器是串在线路中，如果发生上述故障，可借助于该回路的开关来切断故障点与电气系统的电气连接。

5.1.3 电能测量电路

1. 有功电能测量电路

图5-5所示为几种常用有功电量测量电路。虚线框内为计量整体(以下同)。

三相三线电路中，无论三相电压、电流是否对称，一般多采用三相两元件表计量有功电能。

三相四线电路有功电能的计量，采用三相三元件表计量比较方便。因为需要测量大电流高电压负载回路，所以需经互感器接入功率表。

在负载对称的三相四线电路中，可以用一个单相表计量任意一相消耗，然后乘以3，即为三相有功电能实际数值。

5.1.4 电阻测量电路

图5-6所示为采用电流、电压表法测量电阻电路，通过电压表、电流表读数，根据欧姆定律可以很方便地计算出所需测量的电阻值。但需要

156

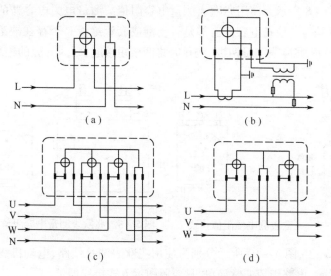

图 5 - 5　几种常用有功电能测量电路

注意的是电压表、电流表单位要趋于一致(如电压表读数为"V",电流表读数也要换算到"A")。另外,图 5 - 6(a)电路适用于电流表内阻远远小于被测物电阻值,图 5 - 6(b)电路适用于电压表内阻值远远大于被测物电阻值。

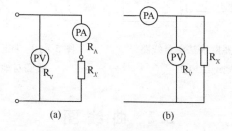

图 5 - 6　电流、电压表法测量电阻电路

图 5 - 7 所示为兆欧表测电缆阻值图。测量时,额定电压为 1000V 以下的电缆用 1000V 以下的兆欧表进行,1000V 及以上的电缆用 2500V 兆欧表进行。应读取 1min 后的数值。测量某相电缆绝缘时,应将其余两相线芯和电缆外皮一起接地。L 端接需测量的电缆线芯上,E 端接地,如果天气比较潮湿或周围空气湿度较大时,为消除表面泄漏,应采取屏蔽措施,即将 G 端接在需测量相的外皮上,需注意的是各处连接都应接触牢固。

图 5－8 所示为使用兆欧表测量电容阻值。测量电力电容器的绝缘电阻,主要是为了检查电容器内部是否受潮或套管绝缘是否存在缺陷。一般采用 2500V 兆欧表测量两极(测量时将两极短接起来)对外壳的绝缘电阻。

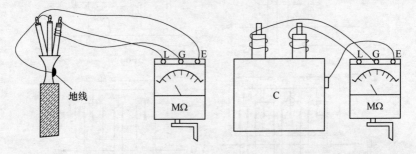

图 5－7　兆欧表测电缆阻值接线　　　图 5－8　兆欧表测量电容阻值接线

图 5－9、图 5－10 所示分别为使用兆欧表测量线路、电动机线圈对地阻值接线。电路组成非常简单,只要照图示方式接线即可。

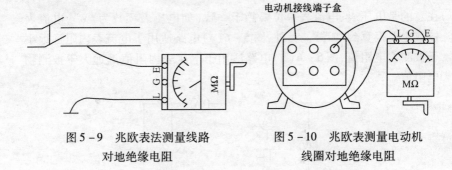

图 5－9　兆欧表法测量线路　　　　　图 5－10　兆欧表测量电动机
　　　　 对地绝缘电阻　　　　　　　　　　　 线圈对地绝缘电阻

5.2　曲　线　图

5.2.1　负荷曲线

工厂企业中的电力负荷是指电气设备和线路中通过的功率或电流,且电力负荷随着工厂企业的生产情况而变动。

为了描述电力负荷随时间变化的规律,通常以负荷曲线表示。负荷曲线是表示电力负荷随时间变化情况的图形,该曲线画在直角坐标轴内,纵坐标表示负荷值,横坐标表示对应的时间。

图 5 - 11 表示日负荷曲线,表示电力负荷在一天 24h 内变化的情况,可分为有功日负荷曲线和无功日负荷曲线(即图中的曲线 P 和曲线 Q)。

日负荷曲线可用测量方法来绘制,就是根据变电站中的功率表每隔一定时间的读数,在直角坐标系中,逐点进行描绘而成,也可用记录式仪表的有关数据画出。相邻两负荷值之间的时间间隔取得越短,则曲线越能反映负荷实际变化情况。

为了计算简单,往往用阶梯形曲线来代替逐点描绘的曲线,如图 5 - 12 所示。曲线所包围的面积代表一天 24h 内所消耗的总功率。例如,想要进行统计查看企业在这一天时间里从 0 点到 4 点消耗的总功率,那么根据图 5 - 12可看出:从 0:00 到 1:00,企业内有功负荷约为 28MW;在 1:00 到 2:30,企业内有功负荷约为 20MW;在 2:30 到 4:00 间,有功负荷约为 17MW,因此,企业在这一段时间内消耗的功率约为 $(28 \times 1 + 20 \times 1.5 + 17 \times 1.5) \times 10^3 = 83500 \mathrm{kW \cdot h}$。

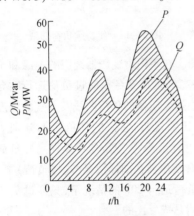

图 5 - 11　日负荷曲线　　　图 5 - 12　有功日负荷曲线的绘制

年负荷曲线分两种。一种是年最大负荷曲线,就是在一个 12 个月取每个月(30 天)中日负荷最大值,如图 5 - 13 所示。从图中可见,该工厂夏季最大负荷比较小些,而年终负荷比年初大。另一种的年持续负荷曲线,它是不分日月的界限,而是以有功功率的大小为纵坐标,以相应的有功功率所持续实际使用时间(h)为横坐标绘制的,如图 5 - 14 所示。由图可知,某工厂年持续负荷线,表示一年内各种不同大小负荷所持续时间。年持续负荷曲线下面 0 ~ 8760h(一年小时数 365 × 24 = 8760h)所包围的面积就等于该工厂在一年时间内消耗的有功功率。如果将这面积用一与其相等的矩形

$(P_{max} - C - T_{max} - O - P_{max})$ 面积表示,则矩形的高代表最大负荷 P_{max},矩形的底 T_{max} 就是最大负荷年利用小时。它的意义是:当某工厂以年最大负荷 P_{max} 持续运行 T_{max}(h),所消耗的功率恰好等于全年按实际负荷曲线运行所消耗的功率。所以,T_{max} 大小说明了用户消耗功率的程度,也反映了用户用电的性质。总体而言,T_{max} 越大,说明企业最大负荷运行时间越长。

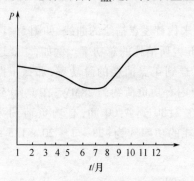

图 5-13　某工厂最大负荷曲线　　　图 5-14　年持续负荷曲线

图 5-15 所示为变压器负荷曲线图。在不损害变压器线圈的绝缘和不降低变压器使用寿命的前提下,可以在高峰负荷及冬季时过负荷运行。允许的过负荷倍数及允许的持续时间应根据变压器的负荷曲线及空气的湿度确定。依图示,假如有 A、B、C 三台变压器运行,它们的日负荷率分别为 $K_A = 0.6, K_B = 0.7, K_C = 0.9$,则从图中可查出:A 台变压器可以在高峰负荷期间,过负荷 1.28 倍时运行 20h;而 B 台变压器在同样情况(高峰负荷)下,过负荷 1.2 倍运行 20h;C 台变压器过负荷运行 20h 的情况下,只能过负荷 1.06 倍。过负荷倍数与允许的持续时间是成反比的。

图 5-16 所示为变压器损耗与负荷关系曲线。图中是两台变压器并列运行时损耗与负荷关系曲线,曲线 1 是一台 560kV·A 的变压器,曲线 2 是一台 1000kV·A 的变压器,曲线 3 是两台变压器同时运行时的损耗与负荷关系曲线。

图中曲线的交点 a 点和 b 点就是确定经济运行的分界点:在 a 点投入 560kV·A 或 1000kV·A 的均可;在 a 点左边(0~450kV·A)投入 560kV·A 的变压器比较经济;在 a 点的右边投入 1000kV·A 的变压器比较经济;而在 b 点的右边(负荷大于 960kV·A)两台变压器同时投入时最经济。

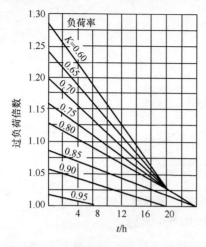

图 5-15　变压器在负荷率 K < 1 时
运行的负荷曲线

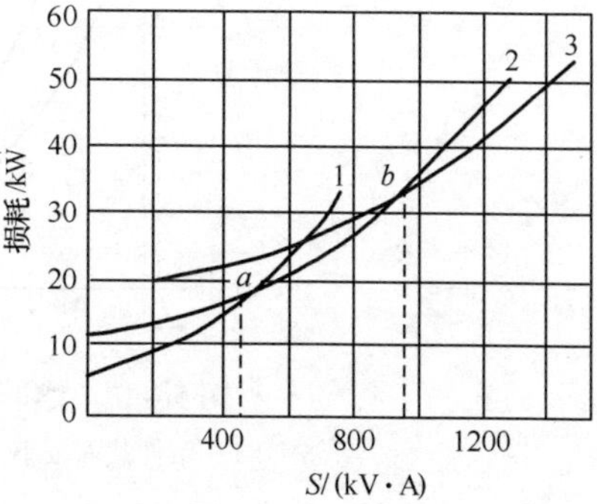

图 5-16　变压器损耗与
负荷关系曲线

5.2.2　特性曲线

　　熔断器是人为在电网中设置的一个最薄弱的发热元件,当过负荷或短路电流流过该元件时,利用元件(熔件)本身产生的热量将自身熔断,从而使电路断开,达到保护电网和电气设备的目的。

　　熔断器的电流－时间特性又称熔体的安－秒特性,用来表明熔体的熔化时间与流过熔体的电流之间的关系,就是说通过某特定熔体的电流为一定时,其熔断时间也为一定,用曲线来表示,其一般特性如图 5-17 所示。这是熔断器非常重要的一项特性。随着负荷性质的不同,对它的要求也不同。一般来说,通过熔体的电流越大,熔化时间越短。每一种规格的熔体都有一条安－秒特性曲线。安－秒特性是熔断器的重要特性,在采用选择性保护时,必须考虑安－秒特性。

　　从图 5-17 所示的曲线中可以看出,随着电流的减小,熔体熔断时间将不断增大。当电流减小到某值及以下时,熔体已不能熔断,熔化时间将为无穷长。此电流值称为熔体的最小熔化电流 I_{zx},也可理解为正常运行的最大安全电流。熔体允许长期工作的额定电流 I_e 应比 I_{zx} 小,通常,最小熔化电流约比熔体的额定电流大 1.1～1.25 倍。

　　图 5-18 所示为电流互感器的 10% 误差曲线。电流互感器根据测量时误差的大小而划分为不同的准确级。电流互感器保护级与测量级的准确

161

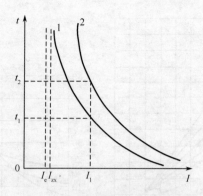

图 5 – 17 熔断器的安 – 秒特性
1—熔件截面较小；2—熔件截面较大。

级要求有所不同:对于测量级电流互感器的要求是在正常工作范围内有较高的准确度,而保护级电流互感器主要是在系统短路时工作,一般只要求 3～10 级,但是对在可能出现的短路电流范围内,则要求互感器最大误差限值不得超过 −10%。当电流互感器所通过的短路电流为一次额定电流 n 倍时,其误差达到 −10%, n 称为 10% 倍数,而 10% 倍数与互感器二次侧允许最大负荷阻抗 Z_{2e} 关系曲线便称为电流互感器的 10% 误差曲线。

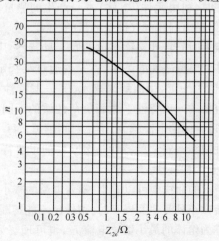

图 5 – 18 电流互感器 10% 误差曲线

图 5 – 19 所示为 GL – 10 型电流继电器时限特性。当磁路不饱和时,电流越大,轮盘转矩越大,圆盘转动越快,扇形齿轮向上移动使继电器接点闭

合所需的时间就越短,即动作时限随着电流的增大而减小,这就是反时限特性。通俗地讲,就是电流值越大,从继电器线圈得电直至接点动作所需的时间越短。

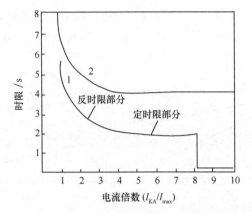

图 5 – 19　GL – 10 型电流继电器时限特性

当流过继电器线圈的电流超过一定数值后,由于铁芯饱和,线圈中电流再增加也并不会使磁通继续增加,因而电磁转矩和圆盘转速都不会增加。所以,动作时间不再随电流的变化而变化,而为一常数,这就是继电器的定时限特性部分。流过继电器线圈的电流不超过使铁芯饱和电流值时,继电器接点不会动作。

当线圈中电流超过某个更大数值后,例如图 5 – 19 中的曲线 1,当通过继电器电流 $I_{KA} > 8I_{OP}$ 时(I_{OP} 为感应元件的动作电流),接点瞬时接通,这就是继电器的速断特性部分。

改变生产机械的工作速度,又称调速。可以采用机械的方法,也可以用电气的方法。机械调速是人为改变机械传动装置的传动比来达到调速的目的。而电气调速则是通过改变电动机的机械特性来改变电动机的转速。评价调速系统的性能,应从技术和经济两方面来考虑,技术指标有调速范围、静差率和平滑性。

静差率又称静差度或速度的稳定度,表示负载转矩变化时转速变化的程度。其含义为电动机由理想空载变为满载时所产生的转速降落 Δn_N 与理想空载转速 n_0 之比的百分数,用 s 表示,即 $s = \Delta n_N/n_0 \times 100\% = (n_0 - n_N)/n_0 \times 100\%$ 。

显然,静差率与机械特性的硬度有关。特性越硬,转速变化越小,静差

163

率越小,则转速的稳定度越好;反之,机械特性越软,转速变化越大,静差率越大,转速的稳定度也越差。

图 5 – 20 所示为不同机械特性下的静差率。图 5 – 20(a)中特性线①与特性线②所示的硬度不一样,较硬的特性线①转速降为 Δn_{N1},较软的特性线②转速降为 Δn_{N2},显然,$\Delta n_{N2} > \Delta n_{N1}$。因 n_0 相同,故较软的特性静差率大。

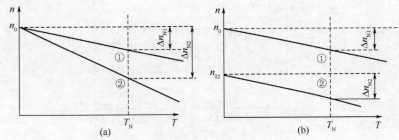

图 5 – 20　不同机械特性下的静差率

不过,静差率和机械特性的硬度又是有区别的。如图 5 – 20(b)所示,特性线①与特性线②互相平行,硬度一样,两者在额定转矩下转速降落相等,即 $\Delta n_{N2} = \Delta n_{N1}$。但由于它们的理想空载转速不一样($n_{01} > n_{02}$),所以它们的静差率也不同($s_1 < s_2$)。由此可见,同样硬度的特性,理想空载转速越低,静差率就越大,转速的稳定性也就越差。因此,对一个系统的静差率要求,就是对最低速的静差率要求。

各种生产机械对静差率有不同的要求,例如:普通车床 s 为 20% ~ 30%;龙门刨床 s 为 5% ~ 10%;冷连轧机 s 为 2%,热连轧机 s 为 0.2% ~ 0.5%;高级造纸机 s 为 0.1%。若 s 过大,将影响工件的加工精度和表面粗糙度。

5.3　其他电气工作关联图

5.3.1　直埋电缆

直埋电缆的做法如图 5 – 21 所示。依图 5 – 21 所示直埋电缆的埋地距地平面深度不应小于 0.7m,电缆应埋设在冻土层以下:一是有效防止过往重物经过时,对深埋电缆造成破坏;二是深埋后,防止在冬季由于冷缩而造成电缆损坏。如果受各种条件而无法将电缆深埋时,应采取相应保护设施。

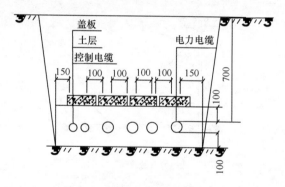

图 5 - 21 直埋电缆的做法

电缆沟宽最低标准应按电缆之间的距离不小于 100mm,最旁边电缆与沟壁距离不小于 50 ~ 100mm 计算确定,这样做由于有效地改善了电缆散热环境,因此可相应提高电缆的载流量。严禁将电缆平行敷设于管道的正上方或正下方,这样做可以尽可能地减少管道破裂时管道内的物料对附近的电缆造成破坏的概率。直埋电缆全程的上、下方须铺以不小于 100mm 的软土或砂层,并盖以混凝土制作的保护板或砖块,最后将回填土夯实。

5.3.2 杆塔拉线

杆塔拉线做法如图 5 - 22 所示,拉线应根据电杆的受力情况装设。终端杆拉线应与线路方向对正;转角杆拉线应与线路分角线对正;防风拉线应与线路垂直。

采用水平拉线须装拉桩杆,拉桩杆应向线路张力反方向倾斜 20°,埋深不应小于拉桩杆长的 1/6,水平拉线高度不应小于 6m,拉桩坠线上端位置距拉桩杆顶应为 0.25m,距地面不应小于 4.5m,坠线引向地面与拉桩杆的夹角不应小于 30°。

5.3.3 感应过电压

当雷云不是直接击于输电线路导线上,而是向线路附近地面,或向避雷线上进行主放电时,在线路上感应产生的过电压,称感应过电压。

图 5 - 23 为以雷云向线路附近地面放电示意图,以下通过该图阐述感应过电压产生的物理概念。

当带电负荷的雷云向线路附近地面放电时,在线路的三相导线上,由于静电感应而积聚大量与雷云极性相反的正束缚电荷,如图 5 - 23(a)所示。

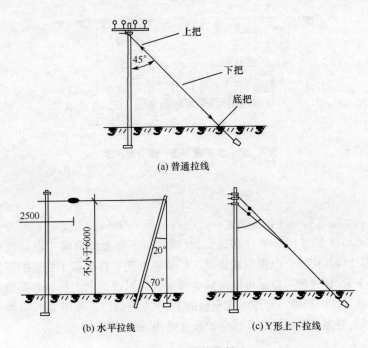

(a) 普通拉线

(b) 水平拉线　　　　　　　　(c) Y 形上下拉线

图 5 – 22　杆塔拉线做法

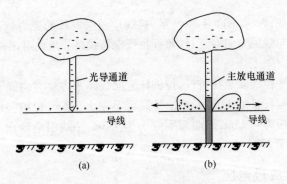

(a)　　　　　　　　　　(b)

图 5 – 23　感应过电压示意

在雷云的先导阶段,由于先导发展速度较慢,导线上没有明显的电流,可忽略不计。当雷击大地后,主放电开始,先导通道上的负电荷自下而上被中和,失去了对导线正电荷的束缚作用。因此,导线上的束缚电荷形成了自由电荷,并以光速向导线两侧流动,由于主放电的速度很高,故导线中电流也很大,由此形成过电压,此过电压就是感应过电压,如图 5 – 23(b)所示。

通过示意图可以解释一些电气物理现象或动作顺序等。由于此种类型电气图介绍问题时比较形象,因此在日常工作中也经常要用到。但要注意一点的是,虽然此种类型图比较形象,但它并不能完全代表实际情况,只能作为形象分析用,因此在介绍同类问题现象时,示意图的画法可以有很多种,没有固定标准而言,只要能形象地示意出即可。

5.3.4 设备结构及其他图

图 5-24 所示为真空灭弧室结构。真空灭弧室是真空断路器的绝缘和灭弧元件,其结构由电动触头、动端跑弧面、动导电杆、波纹管、动端法兰、静触头、静端跑弧面、静端法兰、屏蔽罩、瓷柱、不锈钢支撑法兰、玻璃壳(或陶瓷壳)等零部件组成。玻璃壳不仅起绝缘作用,而且起密封作用,保持触头空间的真空。波纹管系一动态密封的弹性元件,通过它真空灭弧室在操纵机构的作用下,可完成分合闸操作而不会破坏其真空度。真空电弧的熄灭是基于利用高真空度介质的高的绝缘强度和在这种稀薄气体中电弧的生成物具有很高的扩散速度,也就是说,真空灭弧室内介质非常稀少,因而呈现出很高的绝缘强度;也是由于介质量非常稀少,因此,断路器动、静触头分、合闸时而产生的电弧(游离的电子)会迅速扩散,能量分散,因而使电弧在电流过零后,触头间隙的介质强度能很快恢复起来。屏蔽罩可以冷凝金属蒸气和带电离子。

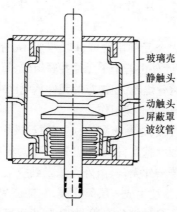

玻璃壳
静触头
动触头
屏蔽罩
波纹管

图 5-24　真空灭弧室结构

灭弧室用绝缘支架支撑并固定在底座上,由导电夹、软连接、出线板通过灭弧室两端组成高压回路。绝缘支架是用玻璃纤维压制而成,绝缘性能好,机械强度高。传动件绝缘子既要绝缘,又要耐冲击和具有一定强度。

图 5-25 所示为单相移相电容器的内部结构。无论是单相还是三相移相电容器,内部主要构造都大致相同,有电容元件(芯子),均放在外壳(油箱)内,箱盖与外壳焊在一起,其上装有引线套管,套管的引出线通过出线连接片与元件的极板相连接。

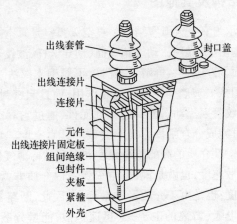

出线套管
封口盖
出线连接片
连接片
元件
出线连接片固定板
组间绝缘
包封件
夹板
紧箍
外壳

图 5-25　单相移相电容器的内部结构

箱盖的一侧焊有接地片,作保护接地用。在外壳的两侧焊有两个搬运用的吊环。

每相元件内由若干个元件串联或并联组成,元件间通过连接片相连。低压三相电容器,每相元件由若干个元件并联组成,每个元件单独串联一个熔丝,当元件击穿时,熔丝烧断,使击穿的元件从电网中断开,在电容量变化不大的情况下,电容器仍可继续工作。

铝箔是电容器的极板,是截流导体,电流通过极板时,会产生电动力,电容器使用的交流电源频率越高,极板发热越严重。极板还能把介质中产生的热量通过液体介质传给外壳,再由外壳散发到空气中去。由于空气的氧化作用,在铝箔的表面往往生成一层氧化膜,它能避免铝与浸渍剂(液体介质)直接接触,而产生不良的催化作用,并能防止铝箔继续氧化。极板间的电容器纸是固体介质。由于纸质的不均匀和存在导电点,极板间纸的层数不少于三层。

极板间的液体介质是电容器油,也称矿物油,是一种非极性材料。它的主要作用是填充固体绝缘的空隙,以提高介质的耐电强度,改善局部放电特性和增加冷却作用。

电容元件的引出线,是用薄铜片搪锡后,插入元件内与相应电极连接而实现的,不同极板的引出线应相对放置,不能错开,以减少元件的电感和极板内的有功损耗。

移相电容器的外壳用薄钢板焊接而成,外壁涂有防腐剂,箱盖与外壳间采用碳弧焊密封焊接。外壳截面为长方形,之所以采用长方形,是由于环境温度升高,电容器中的浸渍物及其他材料的体积都要发生变化,而液体体积的膨胀系数要比固体大得多。采用长方形截面,油膨胀后,可依靠外壳在允许的弹性范围内的变形来适应。

图 5 - 26 所示为 GC - 2 型全封闭手车式高压开关柜外形尺寸图。手车式高压开关柜具有手车可更换的特点。因而在断路器一旦需要检修时,将需检修的断路器小车拉出,移至检修场所,而将备用断路器小车推入,重新送电,从而大大缩短了线路停电时间。线路停电时间值为拉出断路器开关小车时间加上送入备用断路器开关小车,直到恢复送电结束为止时间之和。而断路器开关检修所需的这一大块时间,完全可以不计算在线路停电时间内,因此线路总体停电时间较短,也即线路长周期连续供电得以保证,

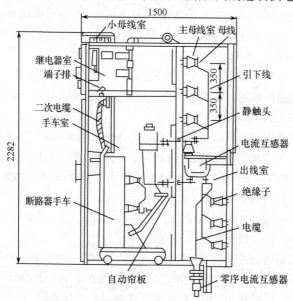

图 5 - 26　GC - 2 型全封闭手车式高压开关柜

169

提高了用电可靠性。

GC-2型手车式高压开关柜,由固定柜体和可移动手车两部分组成。

(1) 柜体。柜体用角钢和钢板而成,并用绝缘板分隔成手车室、母线室、继电室及电缆室等。柜顶前部的盒内敷设着十多根小母线,中部为防尘通信孔,后部为封盖或安装架空电线结构。柜下面上部为仪表门,内部为继电器室,门后有安装电度表的可开启的板。柜下面下部为手车室大门,门上绘有模拟线路图,表示柜内一次接线方案。开门并安装外轨道后,可按操作程序抽出和推入手车。抽出后,手车后壁的活动遮板自动关闭,将柜内的高压带电部分(静触头)与外界隔离。

(2) 手车室。手车室位于开关柜的前部下方。手车上的断路器通过隔离插头与母线及出线相通。手车与柜体相连的二次线也采用插头相连接。当断路器拖车处于试验位置时,一次隔离插头断开,而二次回路仍接通。手车推进机构与断路器操动机构之间有防止带负荷拉手车的安全联锁装置。手车两侧及底部设有接地滑道、定位销和位置指示器等附件。手车室的门上有观察窗,运动时可观察内部情况。在开关柜柜体和手车上,均装有识别装置,保证只有同型手车才能互换。手车下面上部为推进机构,用脚踩下手车下部联锁踏板,面板上圆孔内帘提起,插入手柄,转动蜗杆,即可使手车在柜内前进或后移。正面下部为断路器操作机构,手车推进机械与断路器操作机构之间有防止误操作的安全联锁装置,即只有当断路器在分闸位置时,才能推入和抽出,当断路器在合闸时,不能推入和抽出。

(3) 仪表继电器室。仪表继电器室位于开关柜前面上部,室内装有继电器、端子排、熔断器和电度表等,门上装设测量仪表、信号继电器、指示灯和继电保护用的压板等。

(4) 主母线室。主母线室位于开关柜的后上部,室内装有母线和隔离静触头。母线为封闭式结构,不易积灰,也不易短路,因此可靠性高。

(5) 出线室。出线室位于开关柜后部下方,室内装有出线隔离静触头、电流互感器和引出电缆(或硬母线)等。

(6) 小母线室。小母线室位于仪表继电器室上方,开关柜前面的顶部,室内装有小母线和接线座等。

当变压器内部故障时,短路电流产生的电弧将使绝缘物和变压器油分解而产生大量的气体,利用这种气体实现的保护装置叫瓦斯保护。瓦斯保护灵敏、快速、接线简单,可以有效地反映变压器内部故障。

瓦斯保护主要元件是瓦斯继电器,它安装在变压器油箱和油枕之间,这样,油箱内的气体都要通过瓦斯继电器流向油枕。

干簧式瓦斯继电器具有较高的耐振能力,动作可靠,图 5 - 27 所示为 FJ3 - 80 型气体继电器结构简图。

其动作过程如下:

(1) 正常运行时,继电器内充满了油,上、下开口杯内也充满了油。在轴 3,8 的一侧是开口杯,对开口杯来说,杯内有油的重力,还有继电器三通管内油的浮力。在轴 3,8 的另一侧有和开口杯平衡的平衡锤 2,7,这一侧既有锤的重力,同时还有油对重锤的浮力,这些力平衡的结果,使开口杯处于翘起的位置,此时和开口杯固定在一起的磁铁 10,13 也翘起,磁铁处于干簧接点的上方,接点不闭合,继电器为断开状态。

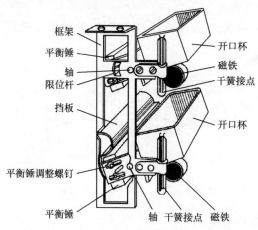

图 5 - 27 FJ3 - 80 型气体继电器结构简图

(2) 当变压器内部发生轻微故障时,变压器内产生的气体聚集在继电器的上方(瓦斯继电器放置时,是与地平面垂直的,即接点平行于地平面,因此,瓦斯气体能够从变压器油箱中产生后,通过油箱与油枕的连接管,汇集到瓦斯继电器中,充满瓦斯继电器室上部空间),由于瓦斯气体的存在,从而压迫继电器室内的油面下降,开口杯 14 由于杯内油的重力作用使其随油面下降而降低,磁铁 13 随之下降,到干簧接点口附近,使干簧接点闭合,干簧接点闭合后,接通电路,发出信号,提醒值班人员注意,变压器内部有瓦斯气体产生。

(3) 变压器内部产生重大故障时,如绕组匝间或相间短路等,变压器内部会产生大量气体,造成强烈油流冲击挡板 5,使下开口杯向下转动,磁铁

171

10 随之下降,干簧接点 9 闭合,变压器跳闸。

(4) 当变压器因漏油而油面下降时,继电器内油面随之下降,上开口杯先下降,干簧接点 12 闭合,发出信号。油面继续下降,下口杯下降,干簧接点 9 闭合,变压器跳闸。

5.4 整流滤波电路

5.4.1 不可控整流电路

1. 单相整流电路

1) 单相半波整流电路

如图 5 - 28 所示,电路由变压器二次绕组、整流二极管 VD 和负载 R_d 组成。

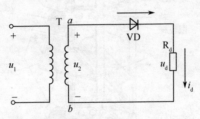

图 5 - 28 单相半波整流电路

变压器二次电压 u_2 为

$$u_2 = \sqrt{2}U_2\sin\omega t$$

其波形如图 5 - 29(a)所示。在交流电压 u_2 的正半周内(0 ~ π),变压器二次电压 u_2 极性为 a 正 b 负,二极管正偏导通,产生电流由 $a \rightarrow VD \rightarrow R_d \rightarrow b$,波形如图 5 - 29(b)所示,忽略二极管的正向压降时,则负载 R_d 获得的电压 $u_0 = u_2 = \sqrt{2}U_2\sin\omega t$,波形如图 5 - 29(c)所示,在 u_2 的负半周(π ~ 2π),u_2 的极性为 a 负 b 正,二极管反偏截止,负载上电流电压均为零。u_2 成为二极管的反偏电压,下一个周期到来,重复上述过程。可见,利用二极管的单向导电作用,将交流电压变换成单向脉动的大小随时间变化的直流电压,这就是半波整流的含义。此时负载电压的平均值为

$$U_d = \frac{\sqrt{2}}{\pi}U_2 = 0.45U_2$$

172

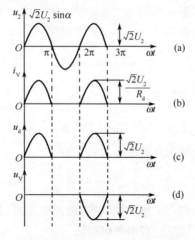

图 5 - 29   单相半波整流电路输入 - 输出波形

负载上电流的平均值为

$$I_d = I_F = \frac{U_d}{R_d} = 0.45 \frac{U_2}{R_d}$$

2）单相全波整流电路

图 5 - 30(a) 与图 5 - 29 相比，说明全波整流电路是两个半波整流电路的合成，只是应用了同一个负载。负载上电压波形如图 5 - 29(b) 所示。

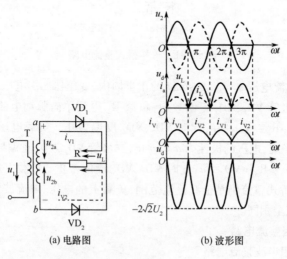

(a) 电路图   (b) 波形图

图 5 - 30   单相全波整流电路及波形

可以得出如下关系：

负载电压的平均值为

$$U_\mathrm{d} = \frac{2\sqrt{2}}{\pi}U_2 = 0.9U_2$$

负载上电流的平均值为

$$I_\mathrm{d} = \frac{U_\mathrm{d}}{R_\mathrm{d}} = 0.9\frac{U_2}{R_\mathrm{d}}$$

流过二极管的电流为负载电流的 $1/2$，即

$$I_\mathrm{F} = \frac{1}{2}I_\mathrm{d} = 0.45\frac{U_2}{R_\mathrm{d}}$$

全波整流电路的特点是整流效率高，输出电压高，且脉动小，但变压器有两个抽头，制造工艺复杂，利用率仍然低。

3）单相桥式整流电路

单相桥式整流电路及图形符号如图 5-31 所示，它使用 4 只二极管，克服了全波整流电路的缺点，保留了它的全部优点。

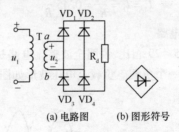

(a) 电路图　　　(b) 图形符号

图 5-31　单相桥式整流电路

设在交流电压 $u_2 = \sqrt{2}U_2\sin\omega t$ 的正半周内，变压器二次电压 u_2 极性为 a 正 b 负，二极管 VD_1、VD_3 正偏导通，负载 R_d 得到单向脉动电流，电流流向为 $a \rightarrow VD_1 \rightarrow R_\mathrm{d} \rightarrow VD_3 \rightarrow b$，此时 VD_2、VD_4 反偏截止。负载电压上正下负。在 u_2 的负半周，电压的极性为 a 负 b 正，二极管 VD_2、VD_4 正偏导通，电流流向为 $b \rightarrow VD_2 \rightarrow R_\mathrm{d} \rightarrow VD_4 \rightarrow a$，此时 VD_1、VD_3 反偏截止。负载电压仍上正下负。可见，桥式整流仍是全波整流范围，负载上的电压、电流波形和大小与全波整流完全相同。

2. 三相整流电路

1）三相半波整流电路

三相半波整流电路如图 5-32(a) 所示。三相变压器的一次侧接成三

角形,二次侧接成星型,并在二次侧的三相分别接二极管,图中二极管的负极接在一起,称为共阴极接法;也可以把二极管的正极接在一起,称为共阳极接法,其不同之处在于输出电压极性相反。

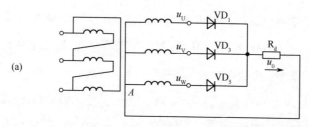

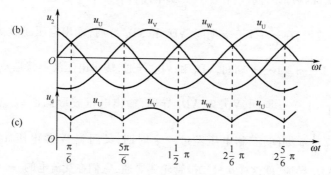

图 5 - 32   电阻性负载的三相半波整流电路及工作波形

在 $0 \sim \dfrac{\pi}{6}$ 期间,三相交流电压的 W 相电压瞬时值 u_W 最大,所以 VD_5 导通,VD_1、VD_3 截止,输出电压波形就是 u_W 的波形。变压器二次侧为 W 相电流,流通路径为 $u_W \rightarrow VD_5 \rightarrow R_d \rightarrow A$。在 $\dfrac{\pi}{6} \sim \dfrac{5\pi}{6}$ 期间,U 相电压 u_U 最大,VD_1 导通,VD_3、VD_5 截止,输出电压波形为 u_U 的波形。同样,在 $\dfrac{5\pi}{6} \sim 1\dfrac{1}{2}\pi$ 期间,V 相电压 u_V 最大,VD_3 导通,VD_1、VD_5 截止,输出电压波形就是 u_V 波形,在 $1\dfrac{1}{2}\pi \sim 2\dfrac{1}{6}\pi$ 期间,三相电压经过一个周期,又回到 W 相电压 u_W 最大,VD_3 导通,就这样 3 只二极管轮流导通,它们在交流电的一个周期内各导通 1/3 周期,负载上的电压 u_d 波形如图 5 - 32(c)所示。

输出电压(负载电压)平均值为

$$U_d = \frac{3 \times \sqrt{3} \times \sqrt{2}}{2\pi}U_2 = 1.17U_2$$

175

2) 三相桥式整流电路

三相桥式整流电路如图 5 - 33(a)所示。三相变压器的一次侧接成三角形,二次侧接成星形,使用两组共阴极接法二极管。

在 $0 \sim \frac{\pi}{6}$ 期间,三相交流电压的 W 相电压瞬时值 u_W 最大、V 相电压瞬时值 u_V 最小,所以 VD_5 和 VD_6 导通,其他二极管截止,输出电压波形就是线电压 u_{WV} 的波形。电流路径为 $u_W \rightarrow VD_5 \rightarrow R_d \rightarrow VD_6 \rightarrow u_V$。在 $\frac{\pi}{6} \sim \frac{\pi}{2}$ 期间,U 相电压最大,V 相电压最小,VD_1 和 VD_6 导通,其他二极管截止,输出电压波形为 u_{UV} 的波形。同样,在 $\frac{\pi}{2} \sim \frac{5\pi}{6}$ 期间,VD_1 和 VD_2 导通,输出电压波形就是 u_{UW} 波形,在 $\frac{5\pi}{6} \sim 1\frac{1}{6}\pi$ 期间,VD_3 和 VD_2 导通,输出电压波形就是 u_{VW} 波形,在 $1\frac{1}{6}\pi \sim 1\frac{1}{2}\pi$ 期间,VD_3 和 VD_4 导通,输出电压波形就是 u_{VU} 波形,在 $1\frac{1}{2}\pi \sim 1\frac{2}{3}\pi$ 期间,VD_5 和 VD_4 导通,输出电压波形就是 u_{WU} 波形,在 $1\frac{2}{3}\pi \sim 2\frac{1}{6}\pi$ 期间,三相电压经过一个周期,又回到 W 相电压 u_W 最大,VD_5 和 VD_6 导通,就这样6只二极管轮流导通,它们在交流电的一个周期内各导通 1/6 周期,负载上的电压 u_d 波形如图 5 - 33(c)所示。

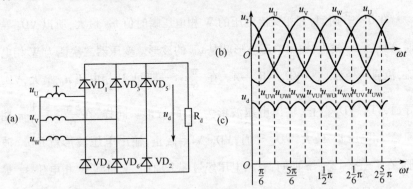

图 5 - 33 电阻性负载的三相桥式整流电路

负载电压的平均值为

$$U_d = \frac{3 \times \sqrt{3} \times \sqrt{2}}{\pi} U_2 = 2.34 U_2$$

176

3）六相桥式整流电路

六相桥式整流是利用变压器的移向作用,将三相交流电变换为两个三相交流电,而两个三相交流电对应相之间存在相位差,分别采用桥式整流,并将输出电压并联起来,就可得到相当平滑的直流输出电压。电路如图 5 - 34(a)所示。

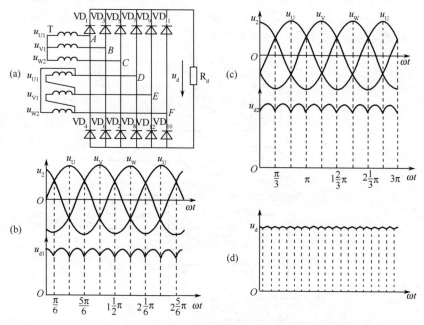

图 5 - 34　电阻性负载的六相桥式整流电路

两个二次绕组一个采用星接一个采用角接,是为了保证经过桥式整流后的直流电压平均值一样。例如 AB 两点之间的线电压为 $\sqrt{3}\sqrt{2}U_2$,而 DE 两点之间的线电压也是 $\sqrt{3}\sqrt{2}U_2$。

由于二次星接绕组与三相桥式整流相同,因此单独作用时负载电压波形如图 5 - 34(b)所示,角接时也是三相桥式整流,相位相差 30°,所以单独作用是电压波形如图 5 - 34(c)所示,两组同时作用时,为两组电压波形的叠加,所以负载电压波形如图 5 - 34(d)所示。

负载电压的平均值为

$$U_d = \frac{3(\sqrt{6} - \sqrt{2})\sqrt{6}}{\pi}U_2 = 2.42U_2$$

5.4.2 半控整流电路

1. 单相半控整流电路

电阻负载半波可控整流电路如图 5 – 35 所示。在晶闸管 VD_1 的门极与阴极之间由整流器触发脉冲 u_g，其波形如图 5 – 35(c)所示。脉冲 u_g 是一个与 u_2 同频率的、以 2π 为周期的周期函数，且在稳态时脉冲 u_g 前沿与 u_2 之间有确定的相位关系，即通常所说的 u_g 与 u_2 同步。

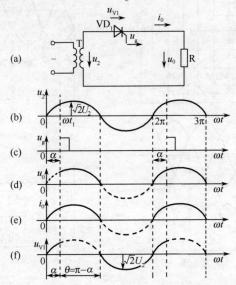

图 5 – 35 电阻性负载的单相半波整流电路及工作波形

在 u_2 的负半周内，晶闸管 VD_1 所承受的电压 u_{V1} 为负，晶闸管不可能导通，电路处于开路状态。在 u_2 的正半周内，当晶闸管尚未导通前，晶闸管所承受的电压 u_{V1} 为正，满足 VD_1 导通条件之一。如果这时门极不加脉冲，则 VD_1 同样不能导通，电路仍处于开路状态。晶闸管 VD_1 阻断时，整流电路的输出电压 u_0、输出电流 i_0 都为零。

在 ωt_1 时刻，晶闸管门极上施加触发脉冲 u_g，若 ωt_1 是在 u_2 正半周范围内，则晶闸管 VD_1 将被触发导通，VD_1 导通后电源电压 u_2 全部加在负载电阻 R 上，这时输出电压 u_0 即为电源电压 u_2，输出电流 $i_0 = u_0/R$，两者波形相同，都是正弦曲线。晶闸管被触发导通后，门极便失去控制作用，故门极信号只需一个脉冲电压即可，晶闸管的导通一直持续到流经晶闸管 VD_1 的电

178

流减少到晶闸管的维持电流以下才会关断。与输出电流 i_0 相比较,维持电流的值很小,为方便起见以下叙述都认为电流为零时晶闸管关断。$\omega t = \pi$ 时,电源电压 u_2 为零,输出电流 i_0 为零,晶闸管关断。由此可知,晶闸管 VD_1 的导通状态由 $\omega t = \omega t_1$ 持续到 $\omega t = \pi$。

在电源电压的第二个周期中,将重复上述的工作过程而得到以 2π 为周期的输出电压、电流,其波形如图 5 - 35(d)、图 5 - 35(e)。

若把电路中的晶闸管 VD_1 换成整流二极管,则从 $\omega t = 0$ 开始,开关元件将受到正向电压而开始导通,而晶闸管则要到 ωt_1 时得到触发才开始导通。把 ωt 从 0 到 ωt_1 这个受到触发脉冲前沿时刻控制使初始导通延时的角度称为控制角,用 α 表示。晶闸管在一个周期内导通的角度称为元件导通角,用 θ 表示,在电阻性负载的单相半波整流电路中,有

$$\theta = \pi - \alpha$$

从工作原理的分析可知,触发脉冲前沿的时刻 ωt_1 应在 $0 \sim \pi$ 之间,也即控制角的有效移相范围为 $0 \sim \pi$。

从波形图可知输出电压 u_2 是一个以 2π 为周期的分段函数,一个周期内的表达式为

$$u_0 = \begin{cases} \sqrt{2}U_2\sin\omega t & (0 \leqslant \omega t \leqslant \pi) \\ 0 & (\pi \leqslant \omega t \leqslant 2\pi) \end{cases}$$

由此输出电压的平均值为

$$U_d = 0.225(1 + \cos\alpha)$$

2. 三相桥式半控整流电路

在图 5 - 36(a)中电路换流规律是 VD_1、$VD_6 \rightarrow VD_1$、$VD_2 \rightarrow VD_3$、$VD_2 \rightarrow$ VD_3、$VD_4 \rightarrow VD_5$、$VD_4 \rightarrow VD_5$、$VD_6 \rightarrow VD_1$、VD_6,触发脉冲的顺序是 $u_{g1} \rightarrow u_{g3} \rightarrow$ $u_{g5} \rightarrow u_{g1}$,且其触发脉冲前沿的相位关系是依次滞后 $120°$,其波形如图 5 - 36 (c)所示,当移相控制角 α 时,共阴极的整流管在自然换相点触发换流相,其输出电压为三相半波整流全导通的正值包络线。触发脉冲 u_{g1}、u_{g3}、u_{g5} 彼此间相位差当然是 $120°$。共阳极组的整流管在自然换相点换相,其输出电压为三相半波整流全导通的负值包络线。在负载上的输出电压即为二者之间的线电压。如果直接画出线电压,输出电压即为线电压的包络线。一个周期内有 6 个波头,输出电压的波形如图 5 - 36(d)所示。

输出电压平均值为

$$U_d = 1.17U_2(1 + \cos\alpha)$$

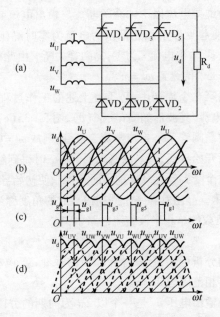

图 5 - 36 电阻性负载的三相桥式半控整流电路

5.4.3 全控整流电路

1. 单相全控整流电路

电阻负载的单相桥式全控整流电路如图 5 - 37(a)所示。晶闸管 VD_1、VD_2 的门极施加相同的脉冲 u_{g1}、u_{g2}，u_{g1}、u_{g2} 与电源电压同步，移向角为 α(从 $\omega t = 0$ 开始算起)。同理，VD_3、VD_4 有相同的触发脉冲 u_{g3}、u_{g4}，移向角为 α(从 $\omega t = \pi$ 开始算起)。在 ωt 从 0 到 π 的电源电压正半周内，a 点为正，b 点为负，晶闸管 VD_1 与 VD_2 承受正向电压，VD_3 与 VD_4 承受反向电压。在 ωt 为 $0 \sim \alpha$ 时，VD_1 与 VD_2 正向阻断，VD_3 与 VD_4 反向阻断，输出电压 u_0、输出电流 i_0 均为零。当 $\omega t = \alpha$ 时，VD_1 与 VD_2 被触发导通，电流沿 $a \rightarrow VD_1 \rightarrow R \rightarrow VD_2 \rightarrow b$ 流通，导通过程持续到 $\omega t = \pi$ 时为止。因为 $\omega t = \pi$ 时电源电压过零，输出电压 u_0 与输出电流 i_0 同时过零而使 VD_1、VD_2 关断。在 ωt 从 π 到 2π 的电源电压 u_2 负半周内，同样可知当 ωt 为 $\pi \sim (\pi + \alpha)$ 时，u_0、i_0 为零，$\omega t = \pi + \alpha$ 时 VD_3 与 VD_4 被触发导通，输出电压 $u_0 = -u_2$，电流沿 $b \rightarrow VD_3 \rightarrow R \rightarrow VD_4 \rightarrow a$ 流通，导通持续到 2π 时为止。第二个周期将重复第一个周期的过程。VD_1 与 VD_2 为一对，VD_3 与 VD_4 为一对，两组晶闸管

180

不断交替导通、关断,其输出电压电流波形如图5-37(d)、(e)所示,元件电流如图5-37(f)、(g)所示。

桥式整流电路与半波整流电路相比,桥式整流把电源电压的负半波也利用起来,使输出电压在一个电源周期由原来的只有一个脉波变成两个脉波,改善了波形,提高了输出。在变压器的副边绕组中,绕组电流的波形如图5-37(h)所示,两个半周期的电流方向相反且波形对称。

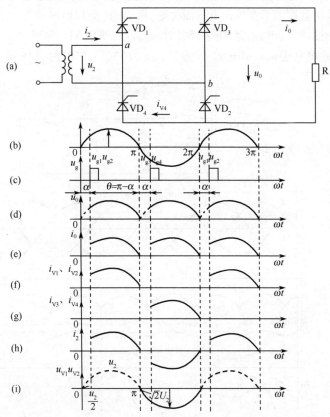

图5-37　电阻性负载的单相桥式全控整流电路及工作波形

输出电压的平均值为

$$U_d = 0.45(1 + \cos\alpha)$$

2. 三相全控整流电路

1)电阻负载的三相半波可控整流电路

电阻负载、晶闸管共阴接法三相半波可控整流电路如图5-38(a)所

181

示。为了要得到零线,变压器的二次侧应采用星形接法;为了使变压器一次绕组中的三次谐波能流通,一次侧一般接成三角形接法。

控制角 α 及触发脉冲顺序。在图 5-38(a) 中的 3 个晶闸管的门极与阴极之间,若同时加上 3 个恒定的直流触发脉冲信号,则 3 个晶闸管的工作就与 3 个整流二极管一样,电路成了三相半波不可控整流电路。当 U、V、W 三点的电位不相等时,应该是接在其中电位最高那一点的那只晶闸管导通,另 2 只晶闸管则因承受反向电压而关断,简称为"谁高谁导通"。从电源电压的波形图可见,当 ωt 为 $30° \sim 150°$ 时,u_U 最高,所以 VD_1 导通,P 点的电位 $u_P = u_U$,输出电压 $u_0 = u_P = u_U$,同理,当 ωt 为 $150° \sim 270°$ 时,VD_3 导通 $u_0 =$

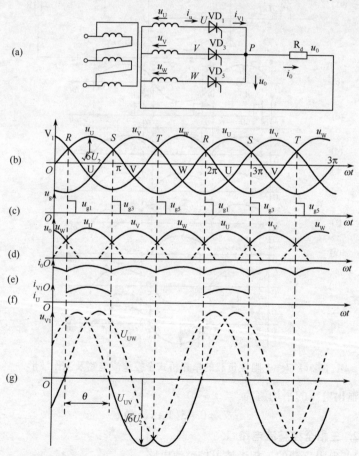

图 5-38 电阻性负载的三相半波可控整流电路及 $\alpha = 0°$ 时的工作波形

182

u_V；当 ωt 为 $270° \sim 390°$ 时，VD_5 导通，$u_0 = u_W$。可见，输出电压 u_0 是三相电压波形图的正半周的包络线，如图 5 – 38(d) 所示。3 个晶闸管的导通顺序是 $VD_1 \rightarrow VD_3 \rightarrow VD_5 \rightarrow VD_1$。3 个相电压在正半周的交点 R、S、T 是它们之间的换流点，称为"自然换流点"。从这个工作过程中可看到，在 R 点之前，VD_1 承受的是反向电压，即使给它提供触发信号也不能导通，若把恒定的直流触发信号换成触发脉冲的话，R 点是晶闸管 VD_1 能触发导通的最早时刻，因此把 R 点就作为 VD_1 计算控制角的 α 起点。即在 R 点处 $\alpha = 0°$。同理自然换流点 S、T 就分别作为 VD_3、VD_5 的控制角 α 的起点。这样，3 只晶闸管的触发脉冲 u_{g1}、u_{g3}、u_{g5} 的顺序是 $u_{g1} \rightarrow u_{g3} \rightarrow u_{g5} \rightarrow u_{g1}$，且其触发脉冲前沿的相位关系是依次相差 $120°$，其波形如图 5 – 38(c) 所示，图中相位是 $\alpha = 0°$ 时的情况。

当 $\alpha = 0°$ 时，输出电压平均值为

$$U_d = 1.17U_2$$

当 $0° < \alpha \leqslant 30°$ 时，输出电压平均值为

$$U_d = 1.17U_2 \cos\alpha$$

当 $30° < \alpha \leqslant 150°$ 时，输出电压平均值为

$$U_d = 0.68U_2(1 + \cos(\alpha + 30°))$$

2）双反星形可控整流电路

双反星形电路相当于两组三相半波整流电路并联，两组整流电路的整流电压平均值相等，但两组输出电压波形的相位相差 $60°$，因此其瞬间时值并不相等，如图 5 – 39 所示。

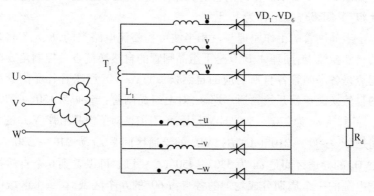

图 5 – 39 反双星形整流电路

它的工作方式与三相半波电路相似,任意瞬间只有一管导通。其他管子都因承受反向电压而关断。此时,每只管的导通时间(60°),输出电压波形如图 5 - 40 所示。

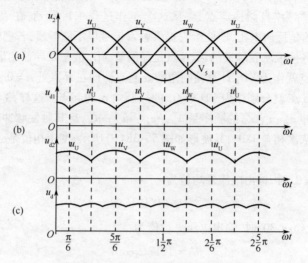

图 5 - 40   双反星形整流电路及工作波形

双反星形整流电路的输出电压为两组整流输出电压的平均值 U_d,当全导通时,与变压器副边绕组相电压($U_相$)的关系为

$$U_d = 1.17 U_相$$

3) 三相桥式全控整流电路

如图 5 - 41 所示。在讨论它的工作原理时,习惯上把共阴极连接组称为上组,共阳极连接组称为下组。

上组晶闸管的工作原理与三相半波可控整流电路类同,R、S、T 将是它们的自然换流点;同理 A、B、C 是下组晶闸管的自然换流点。控制角 α 的计算起点是各晶闸管各自所对应的自然换流点,$\alpha = 0°$ 意味着各晶闸管在各自的自然换流点就开始导通。那么,对上组晶闸管:当 ωt 为 150° ~ 270°时 VD_3 导通;当 ωt 为 270° ~ 390°时 VD_5 导通。同理,对下组晶闸管,VD_2 的导通区间是 ωt 为 90° ~ 210°($A \sim B$),VD_4 的导通区间是 ωt 为 210° ~ 330°($B \sim C$),VD_6 的导通区间是 ωt 为 330° ~ 450°($C \sim A$)。可以看到 6 个自然换流点把电源的一个周期分成均匀的各自占 60°的 6 个区域,在每个区域中导通元件不变。把导通的元件标号按其所占的区域表明在电源电压波形图下

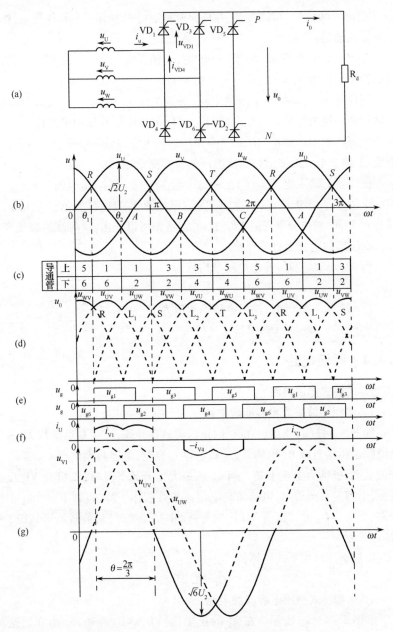

图 5-41　电阻性负载的三相桥式全控整流

电路及 $\alpha = 0°$ 时的工作波形

185

方,如图 5 - 40(c)。可以看到,在任何时刻上组中各有一个元件导通,构成了电流流通的回路。

在 $R \sim A$ 区域,即 ωt 为 30° ~ 90°时,上组 VD_1 导通,下组 VD_6 导通,这时的输出电压为 $u_0 = u_P - u_N = u_U - u_V = u_{UV}$。

同样地,在后面的 5 个区域中,u_0 分别为 u_{UW}、u_{VW}、u_{VU}、u_{WU}、u_{WV} 在相应区域中的一段瞬时值。其波形如图 5 - 41(d)所示。从图中可以看出,u_0 在一个电源周期中是由 6 个形状完全相同的线电压曲线所拼成的。由于是电阻负载,输出电流的波形与输出电压的波形完全相同。

整流桥的输入电流 $i_U = i_{V1} - i_{V4}$。当 VD_1 导通时 $i_{VD4} = 0$,$i_U = i_{VD1}$;当 VD_4 导通时 $i_{VD1} = 0$,$i_U = -i_{VD4}$。i_U 的波形如图 5 - 41(f)所示。i_V、i_W 的波形与 i_U 相同,相位分别滞后 120°、240°。从图可以看出,这时流经整流变压器二次绕组的电流无直流分量。

当 0° $< \alpha \leqslant$ 60°时,输出电压平均值为

$$U_d = 2.34 U_2 \cos\alpha$$

当 60° $< \alpha \leqslant$ 120°时,输出电压平均值为

$$U_d = 2.34 U_2 (1 + \cos(\alpha + 60°))$$

5.4.4 滤波电路

1. 电容式滤波电路

1)单相半波整流电容滤波电路

如图 5 - 42(a)所示。在 u_2 的正半周,VD 导通,u_2 由 0 逐渐加大,整流电源除了供给负载 R_L 电能外,还对电容 C 充电,电容两端电压 U_C 随 u_2 上升而上升,极性为上正下负。当 u_2 从最大值开始下降时,二极管 VD 反偏截止,电容向负载放电,电容两端电压按指数规律下降,直到下一个正半周到来,当 $u_2 > U_C$ 时二极管 VD 再次导通,重复上述过程,负载波形如图 5 - 42(b)所示。

负载电压可用下式估算:

$$U_L = 1.2 U_2$$

2)单相桥式整流电容滤波电路

如图 5 - 43(a)所示。在 u_2 的正半周,VD_1、VD_3 导通,u_2 由 0 逐渐加大,还对电容 C 充电,电容两端电压 U_C 随 u_2 上升而上升,极性为上正下负。当 u_2 从最大值开始下降时,二极管 VD_1、VD_3 反偏截止,电容向负载放电,

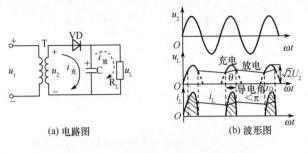

(a) 电路图 (b) 波形图

图 5-42 单相半波整流电容滤波电路

电容两端电压按指数规律下降,直到下一个负半周到来,当 $u_2 > U_C$ 时二极管 VD_2、VD_4 开始导通,重复上述过程,负载波形如图 5-43(b)所示。

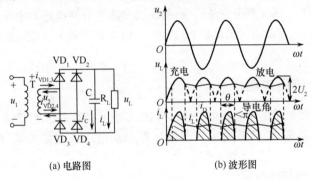

(a) 电路图 (b) 波形图

图 5-43 单相桥式整流电容滤波电路

负载电压可用下式估算:

$$U_L = U_2$$

2. 电感滤波

在整流电路和负载 R_L 之间串入电感 L,就构成了电感滤波电路,利用电感的作用可以减小输出电压的纹波,从而得到比较平滑的直流。当忽略电感 L 的电阻时,负载上输出的平均电压和纯电阻负载相同。

电感滤波的优点:整流管的导电角较大,峰值电流很小,输出特性比较平坦。缺点:由于铁芯的存在,笨重、体积大、易引起电磁干扰。一般只适用于低电压、大电流场合。

此外为了进一步减小负载电压中的纹波,电感后面可再并一电容而构成倒 L 形滤波电路或 RC - Ⅱ 形滤波电路,如图 5-44(a)、(b)所示。其性能和应用场合分别与电感滤波及电容滤波电路相似。

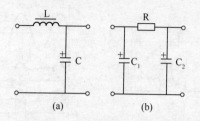

图 5 - 44　倒 L 形滤波电路和 RC - Ⅱ 形滤波电路

3. 复式滤波

为了进一步改善滤波效果,可以将图 5 - 44(b)中的电阻 R 更换成电感 L 而组成 LC - Ⅱ 形滤波电路。在该电路中,整流后的单向脉动电流通过 C_1 时,被电容 C_1 滤除部分交流成分,剩余的交流成分在电感 L 中受到感抗的阻碍而衰减,然后再次被电容 C_2 滤波,使输入到负载的直流电压波形更加平滑。

5. 4. 5　倍压电路

利用二极管的单向导电特性,分别向多个电容器充电,然后再串联叠加起来供给负载,使负载的电压与变压器二次电压成倍数关系,称为倍压整流。

1. 二倍压电路

如图 5 - 45 所示,u_2 的正半周时,a 正 b 负,VD_1 正向偏置,VD_2 截止,电容 C_1 被充电,u_2 负半周时,a 负 b 正,VD_1 因反偏而截止,VD_2 正偏,C_1 两端电压与 u_2 同极性相串叠加对 C_2 充电,经过几个周期后,C_2 两端的电压可达到:

$$U_L = U_{C2} = \sqrt{2}U_2 + U_{C1} = 2\sqrt{2}U_2$$

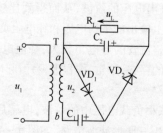

图 5 - 45　二倍压整流滤波电路

2. 多倍压电路

如图 5－46 所示,在 u_2 的第一个周期内,分析方法同二倍压电路,将使电容 C_2 的两端电压达到 $2\sqrt{2}U_2$;在 u_2 的第二个周期内,先 VD_3 正偏,再 VD_4 正偏,使 C_4 两端电压达到 $2\sqrt{2}U_2$;经过 n 个周期后,将使偶数电容两端电压都达到 $2\sqrt{2}U_2$。这样在偶数电容两侧接入负载,负载两端将得到 $n\sqrt{2}U_2$ 电压,在奇数两端接入负载,将得到 $(n-1)\sqrt{2}U_2$ 电压。

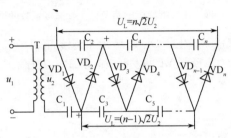

图 5－46　多倍压整流滤波电路

5.4.6　稳压电路

1. 并联型稳压电路

并联型稳压电路如图 5－47(a)所示。图中 R 为限流电阻,它的作用是使电路有一个合适的工作状态。

稳压过程如下:当负载不变而电网电压升高时,引起稳压二极管两端电压也升高,从稳压管反向击穿特性可知,管内电流将显著增加,使 R 上的电流和电压降增加,从而削弱了输出电压的增加。若电网电压不变、负载电流减小,R 上的压降减小,使 U_0 增大,从反向击穿特性可知,稳压管电流显著增大,从而使流过 R 的电流和 R 上的压降增大,引出输出电压保持基本不变。

同理若电网电压减小或负载电流增大,则变化过程相反。

稳压管对温度的依赖性是一个缺陷,为了消除这一缺陷,常将具有不同温度系数的稳压管或将稳压管与普通二极管适当连接来弥补,如图 5－47(b)、(c)所示。

2. 串联型稳压电路

串联型稳压电路如图 5－48 所示。图中三极管 VT 为调整管,VS 为稳

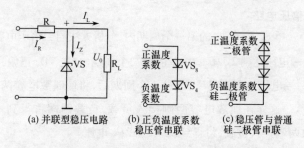

(a) 并联型稳压电路　　　(b) 正负温度系数　　　(c) 稳压管与普通
　　　　　　　　　　　　　　稳压管串联　　　　　　硅二极管串联

图 5 - 47　并联型稳压电路及稳压管温度系数的消除

压管,给三极管提供基极电压,R_1 既是 VS 的限流电阻,又是晶体管 VT 的基极偏置电阻。R_2 为三极管 VT 的发射极电阻,R_L 为负载。

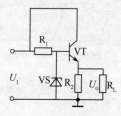

图 5 - 48　串联型稳压电路

　　稳压过程如下:由电路连接关系可以知道,输出电压 U_0 等于输入电压 U_1 减去调整管的 VT 的集射间电压 U_{CE},即 $U_0 = U_1 - U_{CE}$,输出电压 U_0 也等于稳压管两端电压 U_{VS} 减去调整管的基射极电压 U_{BE},即 $U_0 = U_{VS} - U_{BE}$,无论什么原因,使输出电压 U_0 发生变化,由于稳压管两端电压 U_{VS} 保持不变,则调整管 VT 的基射极间电压 U_{BE} 将发生相应变化,引起 U_{CE} 变化,从而使输出电压 U_0 得到相应调节。

附录 建筑安装平面布置图形符号

新图形符号	名称或含义	旧图形符号	新图形符号	名称或含义	旧图形符号
	架空线路			垂直通过配线	
	管道线路			带中性线和保护线的线路	
	6孔管道线路			盒、箱（一般符号）	
	地下线路			连接盒或接线盒	
	有接头的地下线路			电力或电力－照明配电箱	
	水下线路			信号板信号箱（屏）	
	防雨罩（一般符号）			照明配电箱（屏）	
	中性线			事故照明配电箱（屏）	
	保护线			多种电源配电箱（屏）	
	保护和中性共用线			直流配电盘（屏）	
	向上配线			交流配电盘（屏）	
	向下配线			电缆交接间	

191

新图形符号	名称或含义	旧图形符号	新图形符号	名称或含义	旧图形符号
	架空交接箱			带保护极的密闭（防水）单相插座	
	壁龛交接箱			带保护极三相插座一般符号	
	室内分线盒			带接地插孔密闭（防水）三相插座	
	分线箱			开关（一般符号）	
	壁龛分线箱			带指示灯的开关	
	电源自动切换箱（屏）			单极拉线开关	
	自动开关箱			单极现时开关	
	带熔断器的刀开关箱			双极开关	
	熔断器箱			多位单极开关	
	插座一般符号			单极双控开关	
	单线表示的三相插座			单极双控拉线开关	
	带保护极的单相插座			三极开关明装	
	带保护极单相插座暗装			三极开关暗装	
	密闭（防水）单相插座			密闭（防水）	
	防爆单相插座			密闭（防水）	

192

新图形符号	名称或含义	旧图形符号	新图形符号	名称或含义	旧图形符号
⊙	按钮		⌒	广照型灯	
⊗	带指示灯按钮		⊗	防水防尘灯	
⊗	灯(一般符号)		⊙	局部照明灯	●
⊢——⊣	荧光灯(一般符号)		⊖	安全灯	
——3—/——	三管荧光灯单线表示		⬤	防爆灯	
(⊗	投光灯(一般符号)		—⌒	弯灯	
(⊗⇒	聚光灯		✕	专用线路的应急照明灯	
(⊗	泛光灯		⊠	自带电源的应急照明灯	

193

参 考 文 献

[1] 阮礽忠．怎样看电气图．福州:福建科学技术出版社,2005.

[2] 白公,等．怎样阅读电气工程图．北京:机械工业出版社,2009.

[3] 郑凤翼．怎样看电气控制电路图．北京:人民邮电出版社,2008.

[4] 姜禾．电工识图．北京:化学工业出版社,2005.

[5] 门宏．快速学会看电子电路图．北京:人民邮电出版社,2009.